普通高等学校土木工程专业新编系列教材

计算机绘图 AutoCAD 2014

唐　广　邱荣茂　主编

中国铁道出版社有限公司

2023年·北京

内 容 简 介

本书共分为九章,主要讲述 AutoCAD 2014 的基本操作、二维图形的绘制、基本绘图工具、二维图形的编辑、文字与表格、尺寸标注、图块及属性、工程图样的绘制、三维绘图和实体造型等内容,并在每章后安排了相应的上机操作实验。本书由作者结合多年教授 AutoCAD 的经验,并结合土木工程领域的图样绘制方法,精心选择和安排教材内容和实例编写而成。

本书可供高等学校工科师生、建筑工程技术人员使用,也可以作为成人职业教育和认证培训的辅导教材。

图书在版编目(CIP)数据

计算机绘图 AutoCAD 2014/唐广,邱荣茂主编. —北京:中国
铁道出版社,2017.11(2023.2 重印)
普通高等学校土木工程专业新编系列教材
ISBN 978-7-113-23843-8

Ⅰ.①计… Ⅱ.①唐…②邱… Ⅲ.①计算机制图-AutoCAD
软件-高等学校-教材 Ⅳ.①TP391.72

中国版本图书馆 CIP 数据核字(2017)第 239837 号

书　　名:**计算机绘图 AutoCAD 2014**
作　　者:唐　广　邱荣茂

策划编辑:阚济存
责任编辑:阚济存　　　　　编辑部电话:(010)51873133　　　　电子邮箱:td51873133@163.com
封面设计:王镜夷
责任校对:苗　丹
责任印制:高春晓

出版发行:中国铁道出版社有限公司(100054,北京市西城区右安门西街 8 号)
网　　址:http://www.tdpress.com
印　　刷:三河市兴博印务有限公司
版　　次:2017 年 11 月第 1 版　2023 年 2 月第 5 次印刷
开　　本:787 mm×1 092 mm　1/16　印张:14.5　字数:400 千
书　　号:ISBN 978-7-113-23843-8
定　　价:37.00 元

前　言

随着计算机技术的快速发展,传统的设计与绘图脱离图板成为了现实。目前设计者使用的绘图软件多种多样,但不难发现,绝大部分都是功能强大的绘图软件——AutoCAD。由于 AutoCAD 绘图软件具有界面友好、功能强大、易学易用等特点,因此被广泛应用于机械、建筑、电子、航天、造船、石油化工、土木工程等领域。AutoCAD 是美国 Autodesk 公司研制开发的,它以二维图形的绘制见长,并逐渐融入三维功能。自 1982 年推出初期的 1.0 版本以来,经过了多次的版本更新和性能完善。2013 年推出的 AutoCAD 2014 扩展了以前版本的功能,在用户界面、性能、操作、用户定制、协同设计、图形管理、产品数据管理等方面得到了进一步增强,并且定制了符合我国国家标准的样板图、字体和标注样式等,使得设计者使用该软件更加方便快捷。

本书以中文版 AutoCAD 2014 为基础,以熟练绘制土木工程图样为目标,讲授了使用 AutoCAD 2014 绘制土木工程图样的基本方法和技巧。全书共分为 9章:第一章为 AutoCAD 2014 的基本操作,第二章为二维图形的绘制,第三章为基本绘图工具,第四章为二维图形的编辑,第五章为文字与表格,第六章为尺寸标注,第七章为图块及属性,第八章为工程图样的绘制,第九章为三维绘图和实体造型。

本书的编写人员都有着长期从事 AutoCAD 绘图软件的教学与实践经验,能够准确地把握学生的学习心理和绘制工程图样的实际需要,精心策划了本书的结构、内容及实例,并把多年来教授 AutoCAD 的经验与体会融入到本书中。本书与其他同类书相比,将着眼点主要放在了如何利用 AutoCAD 2014 绘制土木工程图样上,注重贯彻国家制图标准来定制土木工程图样的绘图环境,从利用AutoCAD 2014 绘制土木工程图样为出发点来精选 AutoCAD 2014 的编写内容,从而对工科学生绘制土木工程图样有着更强的针对性,便于更快地学习与入门。

　　本书由石家庄铁道大学唐广、邱荣茂主编，周乔勇、张德莹、张会斌参编。其中唐广编写了第一、四章，邱荣茂编写了第七、九章，周乔勇编写了第二、六章，张德莹编写了第三、八章，张会斌编写了第五章。

　　由于编者水平所限，书中难免有不妥之处，恳请广大读者和任课教师提出批评指正。

编　者

2017 年 9 月

目　录

第一章　AutoCAD 2014 的基础知识与基本操作

AutoCAD 是美国 Autodesk 公司开发的一款通用计算机辅助设计软件，主要用来绘制工程图样，是世界上应用最广的 CAD 软件。随着时间推移和软件的不断完善，AutoCAD 已由原先的侧重二维绘图技术，发展到二维、三维绘图技术兼备，并且具有网上设计的多功能 CAD 软件系统。Autodesk 公司在 2013 年推出的 AutoCAD 2014 版中，又加入了云服务链接等多个功能，提供了全新的"欢迎"屏幕，非常方便用户使用该软件。

第一节　启动 AutoCAD 2014

与 Windows 平台的其他应用软件一样，启动 AutoCAD 2014 也有几种方法，即：

●通过桌面快捷方式启动：双击桌面上 AutoCAD 2014 图标，就可启动 AutoCAD 。

●通过"开始"程序菜单启动：选择"开始"⇨"所有程序"⇨"Autodesk"⇨"AutoCAD 2014 简体中文(Simplified Chinese)"，也可启动 AutoCAD。

●通过已有的 AutoCAD 图形文件启动：双击用户已有的扩展名为". Dwg"的 AutoCAD 图形文件，也可启动 AutoCAD，并打开该图形文件。

启动 AutoCAD 2014 后，系统即进入 AutoCAD 的工作界面，如图 1-1 所示。

图 1-1　AutoCAD 2014 的工作界面

第二节 AutoCAD 2014 的工作界面简介

AutoCAD 2014 的工作界面中大部分元素的用法和功能与其他 Windows 应用软件一样，而有一部分则是它所特有的。AutoCAD 2014 的工作界面主要由标题栏、应用程序菜单、快速访问工具栏、下拉菜单栏、选项卡、功能区面板、绘图区、命令行窗口和状态栏等组成，如图 1-1 所示。

一、标 题 栏

在工作界面的最上方中部是文件标题栏，其中列有应用软件的名称、版本和当前图形文件的文件名，在没有给文件命名前，默认的文件名为 Drawing(n)(n 为 $1,2,3,\cdots,n$ 的值由新建文件数而定）。此栏最右边的三个小按钮分别是"最小化"、"恢复"和"关闭"，用来控制 AutoCAD 2014 软件窗口的显示状态。

二、应用程序菜单

单击应用程序菜单 ▲ 按钮，可以使用常用的文件操作命令，如图 1-2 所示。

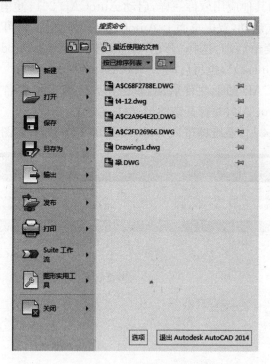

图 1-2 应用程序菜单

三、快速访问工具栏

快速访问工具栏用于存放经常使用的命令，如图 1-3 所示。快速访问工具栏的右侧的第一个按钮为工作空间列表按钮，可以切换用户界面。AutoCAD 2014 提供了四种工作空间，分别对应于四种不同的工作界面。单击工作空间列表按钮会弹出下拉菜单,如图 1-4 所示,如选择 AutoCAD 经典菜单项可以切换到 AutoCAD 经典工作界面。单击快速访问工具栏的最右侧的按钮可以展开一个下拉菜单,如图 1-5 所示,用户可以定制快速访问工具栏中要显示的工具,也可以关闭已显示的工具。该下拉菜单中被勾选的命令为快速访问工具栏中显示的命令按钮,单击已勾选的命令,可以关闭该命令按钮。单击无勾选的命令,可以显示该命令按钮。

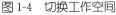

图 1-3　快速访问工具栏

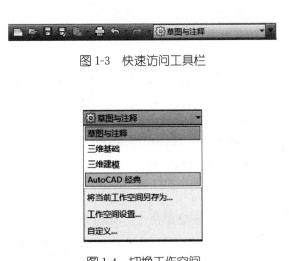

图 1-4　切换工作空间

图 1-5　展开的下拉菜单

四、下拉菜单栏

在"草图与注释"工作界面中,要显示 AutoCAD 中常用的下拉菜单栏,应在图 1-5 所示的展开下拉菜单中单击"显示菜单栏"项,即可工作界面中呈现下拉菜单栏如图 1-1 所示。如果用户将工作界面切换到 AutoCAD 经典,那么在标题栏的下方,也会自动显示下拉菜单栏。同其他 Windows 应用软件一样,下拉菜单包含子菜单。AutoCAD 的下拉菜单几乎包含了 AutoCAD 的所有命令。用户可逐级选择相应的菜单,以执行相应的命令或弹出相应的对话框。用户在使用下拉菜单时应遵循如下约定:

1. 跟有小三角"▶"的菜单命令

表示该菜单项有下一级子菜单。例如,单击菜单栏中的"绘图"菜单,移动鼠标指向下拉菜单中的"圆"命令,就会出现"圆"命令的子菜单,如图 1-6 所示。

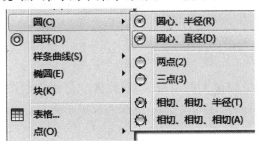

图 1-6　命令子菜单

2. 跟有省略符号"…"的菜单命令

表示选择该菜单项将会弹出一个对话框，以供用户更进一步的选择和设置。例如，单击菜单栏中的"格式"菜单，移动鼠标指向下拉菜单中的"文字样式"命令单击，即弹出"文字样式"对话框，如图 1-7 所示。

图 1-7　弹出"文字样式"对话框

3. 跟有字母的菜单命令

表示进入菜单项后，按下相应的字母即可执行该菜单命令。如打开"绘图"下拉菜单后按下字母 L 即可执行"直线"命令，如图 1-8 所示。

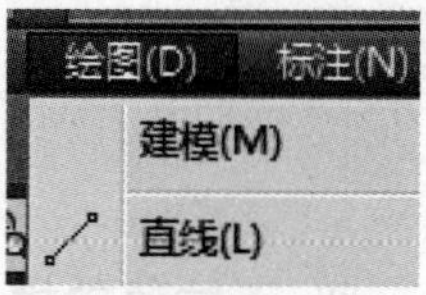

4. 跟有组合键的菜单命令

表示直接按组合键即可执行该菜单命令。

五、功能区（选项卡和面板）

图 1-8　跟有字母的菜单

功能区由许多选项卡和面板组成，如图 1-9 所示。功能区面板包含许多工具和控件，AutoCAD 将与当前工作界面相关的操作都单一、简洁地置于功能区中。使用功能区时无须显示多个工具栏，它通过单一紧凑的界面使应用程序变得简洁有序。用户可以单击选项卡名称栏最右一个列表按钮 ▾ 在弹出的列表中，可选择最少化选项卡或最小化面板标题或最少化为面板按钮，以使功能区最小化。

图 1-9　功能区面板

六、绘 图 区

绘图区是指软件窗口中间最大的空白区域，此区域是用户绘图和编辑图形的工作区域。在绘图区中，有一个作用类似光标的十字线，其交点反映了光标在当前坐标系中的位置。

七、坐标系图标

在绘图区域的左下角，有一坐标系图标，用于显示当前坐标系的形式及 X、Y 坐标的正方向。AutoCAD 系统默认的坐标系是世界坐标系 WCS。

八、模型/布局标签

在绘图区域的底部,有一个"模型"和两个"布局"标签。"模型"代表模型空间,"布局"代表图纸空间,这两个空间之间可以来回切换。通常情况下,用户都是首先在模型空间绘制图形,绘图结束后可转至图纸空间安排图纸输出布局。

九、命令窗口

在绘图区域的下方是一个输入命令和反馈命令参数的地方,如图 1-10 所示,用户可通过鼠标放大或缩小它。

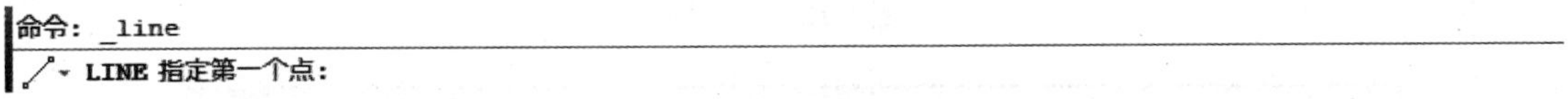

命令: _line

LINE 指定第一个点:

图 1-10　命令窗口

通过按下 F2 键,可以切换到 AutoCAD 的文本窗口,如图 1-11 所示。在文本窗口中,系统显示了当前 AutoCAD 绘图进程中命令的输入和执行过程。再次按下 F2 键,即可关闭该文本窗口。

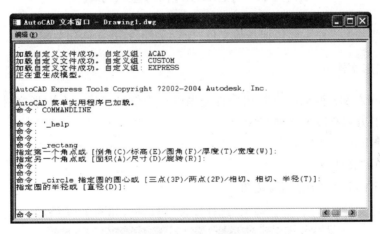

图 1-11　文本窗口

十、状 态 栏

状态栏位于工作界面的最下方,用来显示或设置当前的绘图状态,如当前光标的坐标、功能按钮等。如图 1-12 所示,状态栏可分为应用程序状态栏和图形状态栏两段。

应用程序状态栏的左边为坐标显示区,当用户在绘图窗口中移动光标时,坐标显示区将动态地显示当前 x、y、z 坐标值。

在应用程序状态栏坐标显示区右边的一排按钮依次为推断约束、捕捉模式、栅格显示、正交模式、极轴追踪、对象捕捉、三维对象捕捉、对象捕捉追踪、允许/禁止动态 UCS、动态输入、线宽等功能按钮,该功能按钮有两种显示方式,一种是以图标的形式显示状态栏工具,如

图 1-12(a)所示；一种是以文字的形式显示状态栏工具，如图 1-13 所示。设置的方法为将光标移到任何一个功能按钮上，右击鼠标，在弹出的快捷菜单中选择或取消选择"使用图标"。图形状态栏依次为模型、快速查看图形、注释比例等功能按钮，如图 1-12(b)所示。

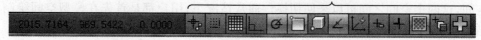

(a) 应用程序状态栏（左段）

(b) 图形状态栏（右段）

图 1-12　状态栏

图 1-13　功能按钮的文字显示方式

第三节　图形文件的基本操作

图形文件的基本操作主要包括新建文件、保存文件、打开文件和关闭文件。

一、新建图形文件

在应用 AutoCAD 进行绘图时，用户首先做的工作就是创建一个图形文件。执行"新建"图形文件命令的方式有以下三种方法：

●命令行：NEW。

●下拉菜单："文件"⇨"新建"。

●快速访问工具栏："新建"按钮。

执行"新建"文件命令后，都会弹出"选择样板"对话框，如图 1-14 所示。

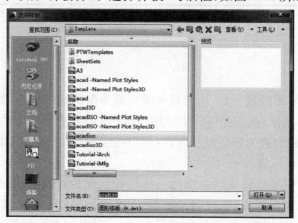

图 1-14　选择样板

用户可以在样板列表中选择合适的样板文件,单击"打开"按钮,就可以选定的样板为模板建立新的图形文件。除了系统给定的这些样板文件以外,用户还可以自己创建所需的样板文件,供以后多次使用。

样板文件是预先对绘图环境进行了设置的"图形模板",用作绘制其他图形的起点,巧妙使用样板文件可以减少许多重复性的绘图环境的设置工作。

二、保存图形文件

当用户需要保存当前图形可以采用以下两种方式。

1. 以当前文件名保存图形

执行"保存"图形文件命令有三种方法:

●命令行:QSAVE。

●下拉菜单:"文件"⇨"保存"。

●快速访问工具栏:"保存" 按钮。

执行保存命令后,若文件已命名,则 AutoCAD 自动保存。若文件尚未命名,则系统将弹出"图形另存为"对话框,如图 1-15 所示,用户可在该对话框中指定要保存的文件夹、文件名称和文件类型等。

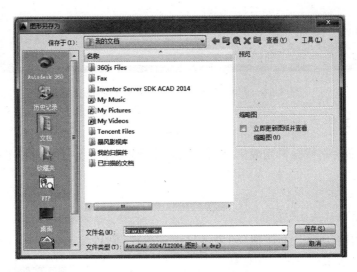

图 1-15 "图形另存为"对话框

2. 指定新的文件名保存图形

如果用户希望将当前文件以其他文件名保存,应选择菜单"文件"⇨"另存为"菜单项,此时系统也将弹出"图形另存为"对话框,如图 1-15 所示,允许用户对当前图形文件另外赋名保存,则当前图形文件变为更名后的图形文件。

三、打开图形文件

当用户要对已有的图形文件进行编辑修改时,就要把该文件打开,以进行浏览或修改,执行"打开"图形文件命令的方式有如下三种:

●命令行:OPEN。

●下拉菜单:"文件"⇨"打开"。

●快速访问工具栏:"打开"  按钮。

执行"打开"文件命令后,系统将弹出"选择文件"对话框,如图1-16所示。在"选择文件"对话框中,先选择存放文件的文件夹,再选择要打开的一个或多个文件后,单击"打开"按钮,即可一次打开所选择的一个或多个图形文件,或用鼠标在要打开的图形文件上双击,也可打开该图形文件。

图1-16　利用"选择文件"对话框打开图形文件

四、关闭图形文件

当用户对图形绘制或编辑完成后,就要关闭该图形文件。执行"关闭"图形文件命令的方式有如下三种:

●命令行:CLOSE。

●应用程序菜单:"关闭"按钮。

●菜单栏右边的"关闭" **X** 按钮(如果不显示菜单栏,则可单击文件窗口右上角的"关闭" **X** 按钮,注意不是应用程序的关闭按钮)。

执行"关闭"文件命令后,系统将弹出"关闭文件"对话框,如图1-17所示,若文件未命名,单击"是"按钮,会弹出"图形另存为"对话框,保存方法按照上面的步骤进行即可,保存后文件被关闭。如果单击"否"按钮,文件不保存而关闭。

图1-17　关闭图形文件时的提示信息

五、退出 AutoCAD

退出 AutoCAD 系统的方法与关闭图形文件的方法类似。"退出"AutoCAD 系统的方式有如下两种:

●应用程序菜单:"退出 AutoCAD 2014"按钮。

●应用程序标题栏最右边的"关闭" ✕ 按钮。

执行退出命令后,如果当前的图形文件没有保存过,系统也会给出如图 1-17 所示的是否保存文件的提示信息,接下来的操作与上面讲的方法和步骤相同,操作完毕则退出 AutoCAD 系统。

第四节　AutoCAD 命令的执行

在 AutoCAD 中,用户进行的所有操作都是通过命令来实现的。用户通过命令来告知 AutoCAD 要进行什么操作,AutoCAD 将对命令做出相应的响应,并在命令行中显示命令的执行状态或给出命令所需的进一步选项。因此,用户必须掌握执行命令的方法,掌握命令提示中常用选项的用法及含义。

AutoCAD 有多种执行命令的方法,用户可以在反复的实践中找到适合自己的,最为方便、快捷的命令执行方法。

一、命令的执行方式

用户可以采用下列方式执行命令:

1. 在命令行中直接键入命令

用户在命令行中键入命令全称并按回车键可以激活该命令,而对于一些常用命令,都有 1~2 个字符的快捷命令,用户可以在命令行直接键入其快捷命令并按回车键来激活该命令。例如,直线命令可以键入"line"全称并按回车键,也可以键入快捷命令"L"并按回车键均可执行直线命令。

2. 单击功能区面板中的命令图标

单击功能区面板中的命令图标,执行命令的方法形象、直观,是初学者最常用的方法。将鼠标在图标处停留数秒,会显示出该图标的名称和使用方法。有的图标后面有 ▾ 图标,可以单击该箭头图标,在弹出的列表中选择相应的命令。

3. 单击"下拉菜单"选择相应命令

一般的命令都可以在下拉菜单中找到,它是一种较实用的命令执行方法。

4. 使用右键"快捷菜单"

用户需在绘图区内单击鼠标右键或选择某对象后再单击鼠标右键系统会弹出一个快捷菜单,在弹出的快捷菜单中选择相应的命令或选项即可激活相应的功能。

5. 直接按空格键或回车键

直接按空格键或回车键则执行刚执行过的最后一个命令。因为绘图时会大量重复使用同一个命令,所以这也是使用最广的一种调用命令的方法。

用户无论以哪一种方式执行命令,在命令提示行中都会有相应的命令提示,且都以同样的方式来执行。

二、如何响应 AutoCAD 命令

在用户执行命令后,都需要对命令做出相应的响应。比如要用户指定一点、或选择对象、或选择命令选项等,这时可以通过键盘、鼠标左键或右键快捷菜单来响应。

(1)在出现指定点的提示时,可以直接从键盘键入点的坐标值,也可以用鼠标在绘图区拾取一点来响应。

(2)在出现"选择对象"的提示时,可以直接用鼠标在绘图区选取对象来响应。

(3)选取命令选项(命令提示文字后方括号"[ ]"内的内容便是)时,可以直接从键盘键入选项中的大写字母(键入时不区分大小写),也可以在"动态输入"为打开状态时,使用向下光标键在弹出的快捷菜单中用鼠标选择选项来响应。例如画圆命令执行后在命令提示窗口中呈现的提示为:

命令:circle 指定圆的圆心或 [三点(3P)/两点(2P)/相切、相切、半径(T)]:

对所需的选项,一种响应方式是:用键盘键入该选项后面圆括号中的字符,然后按回车键或空格键来确认。如要三点画圆,可直接在键盘上键入"3P"回车即可。

若"动态输入"按钮为打开状态,则另外一种响应方式是:在绘图区呈现动态跟随的小窗口时如图 1-18 所示,按键盘向下光标键,在弹出的光标菜单(图 1-19)中,用鼠标选择"三点(3P)"即可。

图 1-18　小窗口提示

图 1-19　向下光标菜单

三、放弃与重做命令

在 AutoCAD 中,用户可以方便地重复执行同一条命令,或撤消前面执行的一条或多条命令。此外,撤消前面执行的命令后,还可通过重做来恢复前面撤消的命令。

1. 放弃命令

有多种方法可以放弃最近一个或多个命令操作,执行"放弃"命令的方法:

●命令行:UNDO 或 U。

●下拉菜单:选择"编辑"⇨"放弃"菜单项。

●快速访问工具栏:单击"放弃" ↶ 按钮取消最近一个命令操作。

使用 UNDO 命令可放弃多个操作,用户一次撤消前面进行的多个操作的步骤如下:

(1)在命令行输入 UNDO 并回车。

(2)在命令行提示"输入要放弃的操作数目或 [自动(A)/控制(C)/开始(BE)/结束(E)/标记(M)/后退(B)]<1>:"下输入要放弃的操作数目。例如,要放弃最近的 5 个操作,应输入 5 并回车,AutoCAD 将显示放弃的命令或系统变量设置。

单击快速访问工具栏 ↶ ▾ 图标右边的小箭头,在弹出的下拉列表中(图 1-20)选择要放弃的操作,也可以一次撤消前面进行的多个操作。

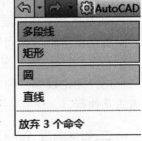

图 1-20　多重"放弃"

2. 重做命令

重做命令可使用户取消上一个放弃操作。要取消上一个放弃操作,重做命令必须紧跟在放弃命令之后。

执行重做命令的方法如下：

●命令行：REDO。

●下拉菜单：选择"编辑"⇨"重做"菜单项。

●快速访问工具栏：单击"重做"按钮 ↷ 。

执行 REDO 命令后，AutoCAD 将取消先前的 UNDO 命令。

单击快速访问工具栏 ↷ · 图标右边的小箭头，在弹出的下拉列表(图 1-21)中选择要重做的操作可以一次恢复前面进行的多个"放弃"操作。

图 1-21　多重"重做"

四、鼠标的操作

在 AutoCAD 中，鼠标的左、右键和滚轮有着不同的功能。

1. 单击左键

左键是绘图过程中使用最多的键，主要是拾取功能。用于单击工具栏按钮、选择菜单选项以执行相应命令。也可以在绘图过程中选择已有对象等。

2. 单击右键

右键的默认设置是显示快捷菜单。单击右键可弹出快捷菜单或结束命令。

3. 滚轮

在绘图区滚动滚轮，可以实现视图的实时缩放，即向下滚动滚轮，图形缩小；向上滚动滚轮，图形放大。

在绘图区按住滚轮并移动鼠标，可以实现视图的实时平移。

第五节　坐　标　系

AutoCAD 图形中各点的位置都是由坐标来确定的，为此 AutoCAD 提供了世界坐标系 WCS(World Coordinate System)与用户坐标系 UCS(User Coordinate System)两种坐标系。通过 AutoCAD 的坐标系可以提供精确绘制图形的方法，因利用坐标系可以很容易定出点的坐标。

一、世界坐标系与用户坐标系

1. 世界坐标系 WCS

当进入 AutoCAD 界面时，系统默认的坐标系是世界坐标系，X 轴正向为水平向右方向，Y 轴正向为垂直向上方向。如果在三维空间绘图，世界坐标系还有一个 Z 轴，其正向为垂直屏幕方向向外。

2. 用户坐标系 UCS

世界坐标系是固定不变的，但用户根据使用的需要，可以定义一个使用更为方便的坐标系，即为用户坐标系。用户坐标系的原点可以定义在绘图区的任意位置，坐标轴可以旋转任意角度。

二、坐标的表示方法

1. 直角坐标

直角坐标包括 X、Y、Z 三个坐标值。在平面绘图时，Z 坐标值默认为 0，不予输入，只输入 X、Y 两个坐标值，坐标值之间必须用半角逗号"，"隔开，如"30，10"。

2. 极坐标

极坐标包括长度和极角两个值，长度为输入点与当前坐标系原点的连线，极角为输入点和当前坐标系原点的连线与 X 轴正向的夹角（逆时针为正，顺时针为负），它只能表达二维点的坐标。在长度和极角两个值之间用小于号"＜"隔开，如"60＜30"表示输入点距坐标系原点为 60，极角为 30°。

3. 绝对坐标与相对坐标

绝对坐标是指相对于当前坐标系原点的坐标，当前坐标系既可以是世界坐标系，又可以是用户坐标系。坐标类型既可以是直角坐标，又可以是极坐标。

相对坐标是指输入点与相对点的相对位移值。为区别于绝对坐标，相对坐标应在绝对坐标前加一符号@，例如，"@20，10"和"@50＜30"均为合法的相对坐标。需要说明的是，在相对极坐标中，长度为输入点与前一点的连线，极角为输入点和前一点连线与 X 轴正向的夹角。在实际绘图时，用户知道更多的是点与点之间的相对坐标或线段的长度和角度。因此，用户定点用得最多的是相对坐标。

第六节 设置绘图单位

图形单位是在设计中所采用的单位，用户创建的所有对象的大小都是根据图形单位进行测量的。AutoCAD 默认的绘图单位是十进制单位进行数据显示或数据输入的，用户可以根据需要设置绘图单位的数据类型和数据精度。

执行设置绘图单位的方式：

●命令行：UNITS。

●下拉菜单："格式"➪"单位"。

执行命令后，系统会弹出"图形单位"对话框，如图 1-22 所示。

用户可在图 1-22 所示的"图形单位"对话框中，单击"长度"选项区的"类型"下拉列表框右侧的 ![按钮] 按钮，则可打开其下拉列表，选择绘图所使用的单位类型，如分数、工程、建筑、科学、小数等（缺省选择是"小数"，符合我国国标的长度单位类型）。其中，"工程"和"建筑"单位格式采用的是英制（如 5′-8.0000″，2′-01/16″等）。若打开其下方的"精度"下拉列表框，则用户可选择长度单位的精度。对于土木工程图，通常选择"0"以精确到整数位。

图 1-22 "图形单位"对话框

在"插入时的缩放比例"选项区的"用于缩放插入内容的单位"下拉列表框中,可以指定将当前图形引用到其他图形中时所用的单位。尽管 AutoCAD 中的绘图单位是无量纲,但是涉及和其他图形相互引用时,必须指定一个单位,AutoCAD 将自动地在两种图形单位之间进行换算。

单击"角度"选项区的"类型"下拉列表框右侧的 ✔ 按钮,则可在打开的下拉列表中选定角度的单位;同样,打开其下方的"精度"下拉列表框可选择角度的精度。缺省情况下,角度计算方向以逆时针为正,若选中"顺时针"复选框,表示角度计算方向以顺时针为正。

上 机 实 训

实训一　熟悉 AutoCAD 2014 的工作界面

目的要求

工作界面是用户绘制图形的平台,熟悉"草图与注释"工作界面有助于用户方便快速地绘图。本实训要求熟悉"草图与注释"工作界面中标题栏、应用程序菜单、快速访问工具栏、下拉菜单栏、功能区面板、选项卡、绘图区、命令行窗口和状态栏等在工作界面的位置及功能。

实训二　设置绘图单位

1. 目的要求

新建图形文件都有一个默认的绘图单位,要求将绘图单位类型:长度设置为小数,精度设置为整数;角度设置为十进制,精度为保留 1 位小数。通过本次实训,了解和掌握绘图单位的设置方法。

2. 操作提示

(1)单击下拉菜单:"格式",选择"单位 …"选项,系统会弹出"绘图单位"对话框。

(2)在该对话框里进行相应的设置。

(3)设置完成后,单击"确定"按钮,退出该对话框。

实训三　命令的执行方式

目的要求

熟悉命令的各种执行方式,找出适合自己的命令执行方式,能够极大地提高绘图的效率。要求分别使用在命令行键入命令、选择下拉菜单、单击功能区面板按钮等方式尝试执行"直线"命令并绘制直线。

实训四　文件管理

目的要求

文件的新建、打开和保存等是文件管理的最基本的操作。要求用户新建一个图形文件、关闭并保存该文件(不退出 AutoCAD 的情况下)。

第二章 绘制二维图形

二维图形的绘制是 AutoCAD 的绘图基础。各种图形的绘制都是通过各种绘图命令来实现的。在 AutoCAD 中,绘图操作的方法很多,也很灵活,能够适应不同的用户要求。可以通过使用"绘图"下拉菜单、功能区"绘图"面板、命令行键入命令等方式来实现绘制各种不同的图形对象。

第一节 "绘图"下拉菜单及功能区

一、"绘图"下拉菜单

"绘图"下拉菜单如图 2-1 所示,包含了 AutoCAD 中常用的绘图命令及绘制图形的最基本的方法用以绘制出相应的图形。

二、功能区"绘图"面板

功能区"绘图"面板如图 2-2 所示,其中的每个按钮都与"绘图"下拉菜单中的命令相对应,单击某个按钮可执行相应的绘图命令。若面板上没有所需绘图命令,还可以点击面板底部的"绘图▼"按钮右侧的向下箭头,从其下拉列表中选择相应的绘图命令。

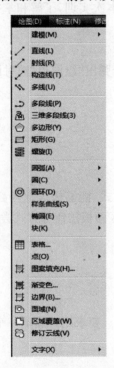

图 2-1 "绘图"下拉菜单

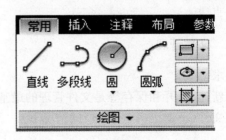

图 2-2 "绘图"面板

第二节 直线类对象

一、直 线 段

功能:绘制一系列首尾相连的直线段。

1. 激活"直线"命令的方式

●命令行:LINE 或 L。

●下拉菜单:"绘图"⇨"直线"。

●功能区:"常用"选项卡"绘图"面板:"直线" 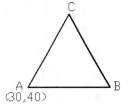 按钮。

2."直线"命令执行过程

命令:_line

指定第一点:(指定所绘制直线的起始点)

指定下一点或[放弃(U)]:(指定所绘制直线的另一个端点)

指定下一点或[放弃(U)]:(放弃当前点,输入 U 回车)

指定下一点或[闭合(C)/放弃(U)]:(闭合线段,输入 C 回车结束命令)

在绘制时应注意以下几点:

(1)在"指定下一点"提示时,按 Esc 或 Enter 键则结束命令。

(2)指定直线的每一端点时,既可以用鼠标直接在绘图区中所需位置拾取,也可通过键盘输入点的坐标值以指定一个点;既可以输入点的绝对坐标,如"20,30"、"15<45",也可以输入点的相对坐标,如"@10,20"、"@50<30"。

【例 2-1】绘制边长为 100 的等边三角形,如图 2-3 所示。

命令:_line

指定第一点:(输入 A 点的绝对坐标 30,40 回车)

指定下一点或[放弃(U)]:(输入 B 点的相对坐标@100,0 回车)

指定下一点或[放弃(U)]:(输入 C 点的相对极坐标@100<120 回车)

图 2-3 绘制等边三角形

指定下一点或[闭合(C)/放弃(U)]:(闭合线段,输入 C 后回车)

二、射 线

功能:绘制单方向无限伸长的直线,射线主要用于绘制辅助线。

1. 激活"射线"命令的方式

●命令行:RAY。

●下拉菜单:"绘图"⇨"射线"。

●功能区:"常用"选项卡"绘图"面板:"射线" 按钮。

2."射线"命令执行过程

命令:_ray

起点:(指定射线起点)

指定通过点:(指定射线通过的另一点)

指定通过点:(可以绘制通过起点的多条射线,直到按 ESC 键或 enter 键结束命令)

图 2-4 所示为通过 O 点绘制的射线。

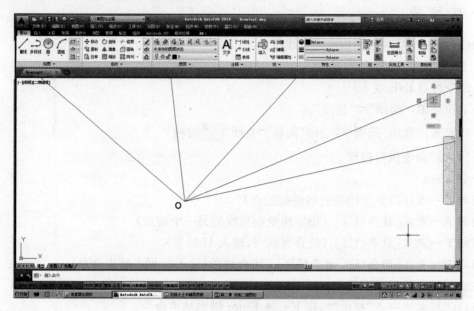

图 2-4 绘制射线

三、构 造 线

功能:可以绘制两端无限延伸的直线,一般作辅助线用。

1. 激活"构造线"命令的方式

●命令行:XLINE 或 XL。

●下拉菜单:"绘图"⇨"构造线"。

●功能区:"常用"选项卡"绘图"面板:"构造线" ✏ 按钮。

2. "构造线"命令执行过程

命令:_xline

指定点或[水平(H)/垂直(V)/角度(A)/二等分(B)/偏移(O)]:

可以通过指定两点的形式绘制构造线,也可选其他选项绘制各种构造线。

其他各项的含义如下:

水平(H):绘制水平的构造线。

垂直(V):绘制垂直的构造线。

角度(A):绘制与 x 轴成指定角度的构造线。

二等分(B):绘制平分指定角度的构造线,需要指定等分线的顶点,起点和端点。

偏移(O):绘制与指定线相距给定距离的构造线。

水平、垂直和角度构造线如图 2-5 所示。

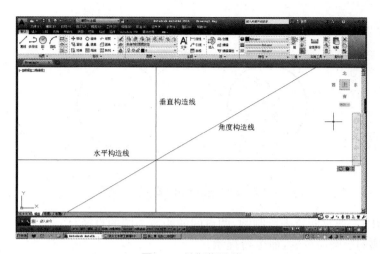

图 2-5　绘制构造线

第三节　圆弧类对象

一、圆

功能：根据已知条件绘制圆。

1. 激活"圆"命令的方式

●命令行：CIRCLE 或 C。

●下拉菜单："绘图"⇨"圆"。

●功能区："常用"选项卡"绘图"面板："圆" 按钮。

2."圆"命令执行过程

单击功能区"常用"选项卡⇨"绘图"面板⇨"圆" 按钮，即可看到有六种方式绘制圆，如图 2-6 所示。

(1)圆心、半径(R)——通过圆心和半径来绘制圆。

执行该选项的绘圆命令后，命令行提示：

命令：_circle

指定圆的圆心或[三点(3P)/两点(2P)/相切、相切、半径(T)]：(指定圆心或用鼠标在绘图区拾取一点)

指定圆的半径或[直径(D)]：(输入半径 10 回车，或用鼠标在绘图区上拾取一点)

执行结果如图 2-7(a)所示。

(2)圆心、直径(D)——通过圆心和直径来绘制圆。

执行该选项的绘圆命令后，命令行提示：

命令：_circle

指定圆的圆心或[三点(3P)/两点(2P)/相切、相切、半径(T)]：(指定圆心)

指定圆的半径或[直径(D)]：(输入 D 并回车)

指定圆的直径＜原直径默认值＞：(输入圆的直径 20 回车)

图 2-6　六种"圆"绘图方式

执行结果如图 2-7(b)所示。

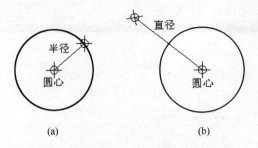

图 2-7　通过圆心和半(直)径绘制圆

(3)两点(2P)——通过两点来绘制圆,两点间的距离为圆的直径。

执行该选项的绘圆命令后,命令行提示:

命令:_circle

指定圆的圆心或[三点(3P)/两点(2P)/相切、相切、半径(T)]:2P↙(选择两点方式绘制圆)

指定圆直径的第一个端点:(指定圆直径的第一个端点)

指定圆直径的第二个端点:(指定圆直径的第二个端点)

执行结果如图 2-8(a)所示。

(4)三点(3P)——通过三点来绘制圆。

执行该选项的绘圆命令后,命令行提示:

命令:_circle

指定圆的圆心或[三点(3P)/两点(2P)/相切、相切、半径(T)]:3P↙(选择三点方式绘制圆)

指定圆上的第一个点:(指定圆上第一个点)

指定圆上的第二个点:(指定圆上第二个点)

指定圆上的第三个点:(指定圆上第三个点)

执行结果如图 2-8(b)所示。

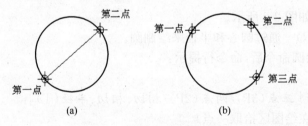

图 2-8　通过两(三)点绘制圆

(5)相切、相切、半径(T)——绘制与两个图形对象相切并指定半径的圆,如图 2-9(a)所示。

执行该选项的绘圆命令后,命令行提示:

指定圆的圆心或[三点(3P)/两点(2P)/相切、相切、半径(T)]:T↙

(指定半径并与两个已知对象相切方式绘制圆)

命令:_circle

指定对象与圆的第一个切点:(选择第一个对象圆)

指定对象与圆的第二个切点:(选择第二个对象直线)

指定圆的半径<当前默认值>:(输入圆的半径值 30 回车)

执行结果如图 2-9(a)所示。

(6)相切、相切、相切(A)—绘制与三个图形对象相切的圆,如图 2-9(b)所示。

执行该选项的绘圆命令后,命令行提示:

命令:_circle

指定圆的圆心或[三点(3P)/两点(2P)/相切、相切、半径(T)]:_3P

指定圆上的第一个点:_Tan 到:(选择第一个对象圆)

指定圆上的第二个点:_Tan 到:(选择第二个对象圆)

指定圆上的第三个点:_Tan 到:(选择第三个对象直线)

执行结果,如图 2-9(b)所示。

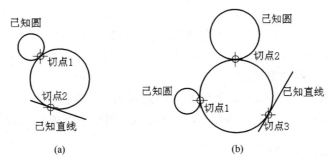

(a)　　　　　　　　　　　　(b)

图 2-9　通过与两个对象相切,指定半径画圆;通过与三个对象相切画圆

二、圆　　弧

图 2-10　"圆弧"下拉列表

功能:根据已知条件绘制圆弧。

1. 激活"圆弧"命令的方式

● 命令行:ARC 或 A。

● 下拉菜单:"绘图"⇨"圆弧"。

● 功能区:"常用"选项卡"绘图"面板:"圆弧"按钮。

2. "圆弧"命令执行过程

单击功能区"常用"选项卡⇨"绘图"面板⇨"圆弧"命令,即可看到有 11 种绘制圆弧的方法,如图 2-10 所示,下面仅介绍其中的几种方法。

(1)三点—通过指定圆弧的三点来绘制圆弧,如图 2-11(a)所示。

执行该选项命令后,命令行提示如下:

命令:_arc

指定圆弧的起点或[圆心(C)]:(指定圆弧的起始点位置)

指定圆弧的第二个点或[圆心(C)/端点(E)]:(指定圆弧的第二个点位置)

指定圆弧的端点:(指定圆弧的终止点位置)

(2)起点、圆心、角度—通过指定圆弧的起点、圆心、圆心角来绘制圆弧,如图 2-11(b)所示。

执行该选项命令后,命令行提示如下:

命令:_arc

指定圆弧的起点或[圆心(C)]:(指定圆弧的起始点位置)

指定圆弧的第二个点或[圆心(C)/端点(E)]:(选择"圆心"选项输入 C 回车)

指定圆弧的圆心:(指定圆弧的圆心)

指定圆弧的端点或[角度(A)/弦长(L)]:(选择"角度"选项输入 A 回车)

指定包含角:(输入圆心角并回车)

(3)起点、圆心、端点—通过指定圆弧的起点、圆心、端点来绘制圆弧,如图 2-11(c)所示。

执行该选项命令后,命令行提示如下:

命令:_arc

指定圆弧的起点或[圆心(C)]:(指定圆弧的起始点位置)

指定圆弧的第二个点或[圆心(C)/端点(E)]:(选择"圆心"选项输入 C 回车)

指定圆弧的圆心:(指定圆弧的圆心)

指定圆弧的端点或[角度(A)/弦长(L)]:(指定圆弧的端点位置)

其他几种绘制圆弧的方法就不介绍了,用户可根据图形中圆弧的已知条件和命令行中的
提示绘制圆弧。

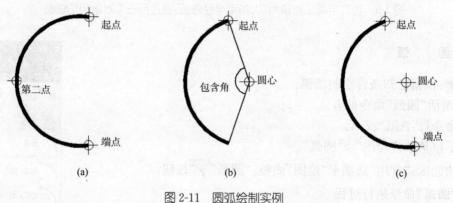

图 2-11　圆弧绘制实例

注意:在绘制圆弧时,除三点法外,其他方法都是起点到端点逆时针绘制圆弧。

三、圆　环

功能:根据输入的内、外圆直径和中心点位置绘制圆环。

1. 激活"圆环"命令的方式

● 命令行:DONUT 或 DO。

● 下拉菜单:"绘图" ⇨ "圆环"。

● 功能区:"常用"选项卡"绘图"面板:"圆环" ◎ 按钮。

2. "圆环"命令的执行过程

命令:_donut

指定圆环的内径<0.5000>:(输入圆环的内径值后回车)

指定圆环的外径<1.0000>：(输入圆环的外径值回车)

指定圆环的中心点或<退出>：(指定圆环中心的位置)

使用"FILL"系统变量可以改变圆环的填充效果。在命令行输入"FILL"回车,选择"开(ON)"选项,可对圆环进行填充,"关(OFF)"选项对圆环不进行填充,只显示轮廓线。图 2-12 所示为绘制圆环的实例。

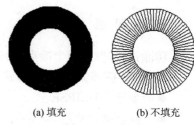

(a) 填充　　　　(b) 不填充

图 2-12　圆环绘制实例

四、椭　　圆

1. 激活"椭圆"命令的方式

●命令：ELLIPSE 或 EL。

●下拉菜单："绘图"⇨"椭圆"。

●功能区"常用"选项卡"绘图"面板："椭圆" 按钮。

2."椭圆"命令执行过程

绘制椭圆的方法有两种：

(1)已知椭圆一轴的两个端点和另一半轴长,绘制椭圆,如图 2-13(a)所示。

执行命令后,命令行提示如下：

命令：_ellipse

指定椭圆的轴端点或[圆弧(A)/中心点(C)]：(指定轴的一个端点)

指定轴的另一个端点：(指定轴的另一个端点)

指定另一条半轴长度或[旋转(R)]：(指定另一个轴的半轴长度)

注意：第一条轴既可以定义椭圆的长轴,也可以定义椭圆的短轴,其长度决定了椭圆的长、短轴。

(2)已知椭圆中心点、端点和另一半轴长绘制椭圆,如图 2-13(b)所示。

执行命令后,命令行提示如下：

命令：_ellipse

指定椭圆的轴端点或[圆弧(A)/中心点(C)]：C↙(已知中心点画椭圆)

指定椭圆的中心点：(指定中心点)

指定轴的端点：(指定一条轴的端点)

指定另一条半轴长度或[旋转(R)]：(指定另一个轴的半轴长度)

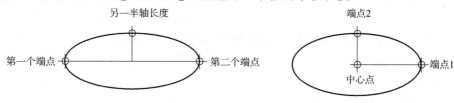

(a) 已知一个轴和另一半轴长度画椭圆　　　　(b) 已知中心点、端点和另一半轴长画椭圆

图 2-13　绘制椭圆的实例

五、椭 圆 弧

功能:已知椭圆两个端点和另一半轴长,绘制椭圆弧。

1. 激活"椭圆弧"命令的方式

●命令行:ELLIPSE。

●下拉菜单:"绘图"⇨"椭圆"⇨"椭圆弧"。

●功能区:"常用"选项卡"绘图"面板:"椭圆弧" 按钮。

2."椭圆弧"命令执行过程

如图 2-14 所示,"椭圆弧"的绘制操作过程如下:

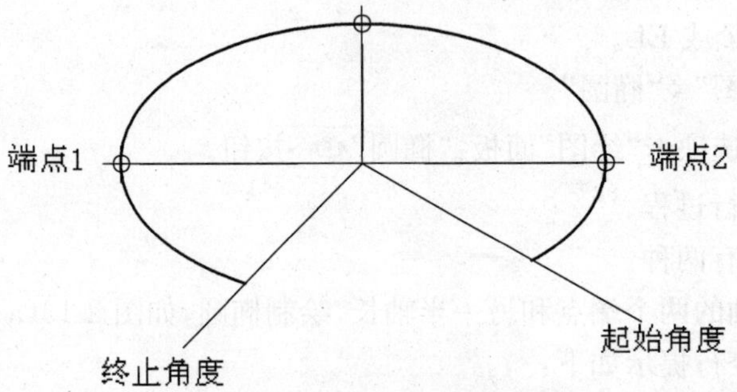

另一半轴长度

端点1   端点2

终止角度   起始角度

图 2-14 椭圆弧的绘制实例

命令:_ellipse

指定椭圆的轴端点或[圆弧(A)/中心点(C)]:A↙(绘制椭圆弧)

指定椭圆弧的轴端点或[中心点(C)]:(指定椭圆弧的端点 1)

指定轴的另一个端点:(指定椭圆弧的另一端点 2)

指点另一条半轴长度或[旋转(R)]:(指定椭圆弧的另一条半轴长度)

指定起始角度或[参数(P)]:(指定起始角度)

指定终止角度或[参数(P)/包含角度(I)]:(指定终止角度)

注意:从起始角度到终止角度按逆时针方向绘制椭圆弧。

第四节 平面图形对象

一、矩   形

功能:绘制各种矩形,包括带倒角、圆角、标高、厚度、线宽的矩形等,整个矩形是一个独立的对象。

1. 激活"矩形"命令的方式

●命令行:RECTANG 或 REC。

●下拉菜单:"绘图"⇨"矩形"。

●功能区:"常用"选项卡"绘图"面板:"矩形" 按钮。

2."矩形"命令执行过程

命令:_rectang

指定第一个角点或［倒角(C)/标高(E)/ 圆角(F)/厚度(T)/宽度(W)］:

其中各选项意义如下:

(1)指定第一个角点。此为默认选项,即指定矩形的第一个顶点位置后,命令行提示:

指定另一个角点或［面积(A)/尺寸(D)/ 旋转(R)］:

此时,用户可采用三种方法来绘制矩形,指定另一个角点或指定矩形的面积或指定矩形的尺寸。若选择"面积"选项,则命令行提示:

输入以当前单位计算的矩形面积:(输入矩形的面积回车)

计算矩形标注时依据［长度(L)/宽度(W)］<长度>:(指定标注时依据长度或宽度,默认长度)

输入矩形长度<0.0000>:(指定两点或输入矩形的长度回车)

按提示输入指定面积和矩形长度后,即可绘制出指定矩形。

若选择"尺寸"选项,则命令行提示:

指定矩形的长度,<0.0000>:(指定两点或输入矩形的长度回车)

指定矩形的宽度,<0.0000>:(指定两点或输入矩形的宽度回车)

指定另一个角点或［面积(A)/尺寸(D)/旋转(R)］:(指定一点确定矩形绘制的位置)

按提示输入矩形的长度和宽度后,AutoCAD 将绘制出指定长、宽的矩形。

(2)倒角。设定矩形的倒角尺寸,使所绘矩形按此尺寸设置倒角,选择该选项后,命令行提示:

指定矩形的第一个倒角距离<0.0000>:(输入矩形的第一个倒角距离)

指定矩形的第二个倒角距离<0.0000>:(输入矩形的第二个倒角距离)

(3)标高。设定矩形的绘图高度,此选项一般用于绘制三维图形,选择该选项后,命令行提示:

指定矩形的标高<0.0000>:(输入矩形的标高)

(4)圆角。设定矩形的圆角尺寸,即所绘制矩形按此设置倒圆角,选择该选项后,命令行提示:

指定矩形的圆角半径<0.0000>:(输入矩形的圆角半径)

(5)厚度。确定矩形的绘图厚度,此选项一般用于绘制三维图形,选择该选项后,命令行提示:

指定矩形的厚度<0.0000>:(输入矩形的厚度)

(6)宽度。设定矩形的线宽,选择该选项后,命令行提示:

指定矩形的线宽<0.0000>:(输入矩形的线宽)

以上(2)～(6)的某一选项设定后,AutoCAD 均返回到"指定第一个角点或［倒角(C)/标高(W)/圆角(F)/厚度(T)/宽度(W)］"提示下,用户再指定角点及其后选项绘制出相应的矩形。

各种矩形的绘制效果如图 2-15 所示。

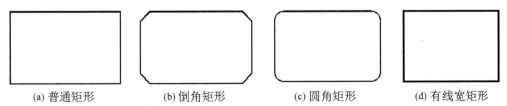

(a) 普通矩形　　　　(b) 倒角矩形　　　　(c) 圆角矩形　　　　(d) 有线宽矩形

图 2-15　矩形绘制实例

二、正多边形

功能:根据输入正多边形的边数及边长等参数绘制正多边形,正多边形是一个独立的对象。

1. 激活"正多边形"命令的方式

●命令行:POLYGON。

●下拉菜单:"绘图"⇨"正多边形"。

●功能区:"常用"选项卡"绘图"面板:"正多边形" ⬠ 按钮。

2."正多边形"命令执行过程

命令:_polygon

输入边的数目<4>:(输入正多边形的边数回车)

指定正多边形的中心点或[边(E)]:(指定正多边形中心点)

输入选项[内接于圆(I)/或外切于圆(C)<I>:(选择正多边形内接于圆还是外切于圆)

指定圆的半径:(输入圆的半径数值回车)

其中各选项的含义如下:

(1)指定正多边形的中心点:该选项通过中心点绘制多边形。

(2)边:该选项用于通过边长绘制正多边形。

(3)内接于圆:该选项为通过内接圆法绘制正多边形,如图 2-16 所示。

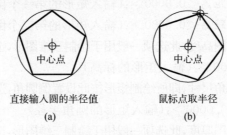

图 2-16　内接于圆的多边形

(4)外切于圆:该选项为通过外切圆法绘制正多边形,如图 2-17 所示。

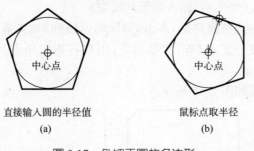

图 2-17　外切于圆的多边形

一般情况下,如果需要绘制一个正多边形,使其一角通过某一点,并且正多边形的边长是已知的,则采用正多边形的边长方式绘制正多边形非常方便。操作如下:

在命令行输入 POLYGON 命令并按回车键,命令行提示如下:

命令：_polygon

输入边的数目＜4＞：(输入正多边形的边数后回车)

指定正多边形的中心点或[边(E)]：(输入 E 后回车)

指定边的第一个端点：(输入第一个端点的坐标值后回车，或用鼠标在绘图区拾取一点作为第一个端点)

此时，一个多边形出现，移动光标将使多边形随之改变。

指定边的另一个端点：(输入第二个端点的坐标值后回车，或用鼠标在绘图区上拾取一点作为第二个端点)

指定了第二个端点后，AutoCAD 将绘制一个正多边形并结束命令。

采用"边"选项绘制多边形时，AutoCAD 总是从第一个端点到第二个端点，沿当前角度方向绘制出正多边形。通过边长绘制正多边形，如图 2-18 所示。

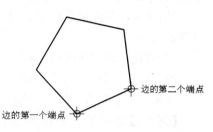

图 2-18　由边长画正多边形

第五节　多　段　线

功能：绘制由若干直线段和圆弧段首尾相连而成的不同线宽的一个独立对象。

1. 激活"多段线"命令的方式

●命令行：PLINE 或 PL。

●下拉菜单："绘图"⇨"多段线"。

●功能区："常用"选项卡"绘图"面板："多段线" 按钮。

2. "多段线"命令执行过程

命令：_pline

指定起点：(指定多段线的起始点)

当前线宽为 0.0000

指定下一点或[圆弧(A)/半宽(H)/长度(L)/放弃(U)/宽度(W)]：

如果在该提示下再指定一点，即选择"指定下一点"默认选项，AutoCAD 绘制连接两点的多段线，同时给出提示：

指定下一点或[圆弧(A)/闭合(C)/半宽(H)/长度(L)/放弃(U)/宽度(W)]：

该提示比上述提示多了"闭合"选项。其中各选项含义如下：

(1)圆弧。选择该选项，则由绘制直线方式改为绘制圆弧方式，此时命令行提示如下：

指定圆弧的端点或[角度(A)/圆心(CE)/方向(D)/半宽(H)/直线(L)/半径(R)/第二个点(S)/放弃(U)/宽度(W)]：

用户可选择该提示中的相应选项绘制圆弧，具体方法与前面所介绍的绘制圆弧的方法基本相同。

(2)闭合。选择该选项，AutoCAD 从当前点向多段线的起始点以当前线宽绘制多段线，即封闭所绘制的多段线，并结束命令。

(3)半宽。确定所绘制图形的半线宽，即所设值是多段线线宽的一半，选择该选项，命令行依次提示：

指定起点半宽＜0.0000＞:(输入起点的半宽后回车)

指定端点半宽＜0.0000＞:(输入端点的半宽后回车)

（4）长度。从当前点绘制指定长度的多段线,选择该选项后,命令行提示如下:

指定直线的长度:(输入直线的长度回车)

在该提示下输入线段的长度值,AutoCAD 将以该长度沿着上一次所绘直线的方向绘制多段线。如果前一段对象是圆弧,所绘制直线的方向为该圆弧终点的切线方向。

（5）放弃。删除最后绘制的直线或圆弧段,利用该选项可以及时修改在绘制多段线过程中出现的错误。

（6）宽度。确定多线段的线宽,选择该选项后,命令行提示如下:

指定起点宽度＜0.0000＞:(输入多段线的起点线宽回车)

指定端点宽度＜0.0000＞:(输入多段线的端点线宽回车)

【例 2-2】绘制如图 2-19 所示图形。输入多段线命令后,命令行提示如下:

命令:_pline

指定起点:(指定 A 点为起始点)

指定下一点或［圆弧（A）/半宽（H）/长度（L）/放弃（U）/宽度（W）］:W✓(设定线宽)

指定起点宽度(0.000):1✓(输入起点宽度回车)

指定端点宽度(0.000):1✓(输入端点宽度回车)

指定下一点或［圆弧（A）/半宽（H）/长度（L）/放弃（U）/宽度（W）］:@100,0✓(输入 B 点的相对坐标)

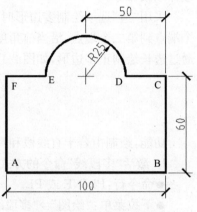

图 2-19　多段线绘制实例

指定下一点或［圆弧（A）/半宽（H）/长度（L）/放弃（U）/宽度（W）］:@0,60✓(输入 C 点的相对坐标)

指定下一点或［圆弧（A）/半宽（H）/长度（L）/放弃（U）/宽度（W）］:@-25,0✓(输入 D 点的相对坐标)

指定下一点或［圆弧（A）/半宽（H）/长度（L）/放弃（U）/宽度（W）］:A✓(选择画圆弧)

指定圆弧的端点或［角度（A）/圆心（CE）/闭合（CL）/方向（D）/半宽（H）/直线（L）/半径（R）/第二个点（S）/放弃（U）/宽度（W）］:R✓(选择输入圆弧半径)

指定圆弧的半径:25✓(输入圆弧半径)

指定圆弧的端点或［角度（A）］:A✓(选择输入圆弧角度)

指定包含角:180✓(输入圆弧圆心角)

指定圆弧的弦方向[180]:✓(取默认值,得 E 点,画出圆弧 DE)

指定圆弧的端点或［角度（A）/圆心（CE）/闭合（CL）/方向（D）/半宽（H）/直线（L）/半径（R）/第二个点（S）/放弃（U）/宽度（W）］:L✓(选择画直线)

指定下一点或［圆弧（A）/闭合（C）/半宽（H）/长度（L）/放弃（U）/宽度（W）］:@-25,0✓(输入 F 点相对坐标)

指定下一点或［圆弧（A）/闭合（C）/半宽（H）/长度（L）/放弃（U）/宽度（W）］:C✓(闭合图形,画出线段 FA)

第六节 样 条 曲 线

功能:绘制通过或接近指定点的拟合曲线。

1. 激活"样条曲线"命令的方式

●命令行:SPLINE 或 SPL。

●下拉菜单:"绘图"⇨"样条曲线"。

●功能区:"常用"选项卡"绘图"面板:"样条曲线" ~ 按钮。

2."样条曲线"命令执行过程

命令:_spline

指定第一个点或[对象[O]]:(指定起点)

指定下一点:(指定第二点)

指定下一点或[闭合(C)/拟合公差(F)/<起点切向>]:(指定第三点)

指定下一点或[闭合(C)/拟合公差(F)/<起点切向>]:(指定第四点)

指定下一点或[闭合(C)/拟合公差(F)/<起点切向>]:(指定第五点)

指定下一点或[闭合(C)/拟合公差(F)/<起点切向>]:(指定第六点)

指定下一点或[闭合(C)/拟合公差(F)/<起点切向>]:(指定第七点)

指定下一点或[闭合(C)/拟合公差(F)/<起点切向>]:↙(结束定点)

指定起点切向:(在绘图区中,通过拖动鼠标确定起点的切向)

指定端点切向:(在绘图区中,通过拖动鼠标确定端点的切向)

图 2-20 所示为样条曲线绘制实例。

图 2-20 样条曲线绘制实例

在绘制样条曲线过程中,其各选项的含义如下:

(1)闭合。在绘制样条曲线时,如果已经指定了两个点,那么在指定第三个点的时候,就可以在命令行输入"C"回车,以闭合曲线,此时系统会出现如下提示:

指定切向:(指定闭合点的切向)

这样就可以得到一条闭合的样条曲线。

(2)拟合公差。所谓拟合公差是指样条曲线并不一定要通过指定点,只要经过指定点的公差范围即可。利用拟合公差,用户在通过指定点绘制样条线时,可以获得更加平滑的效果。

第七节 多 线

用户可用多线命令绘制多条平行的直线,绘制前需先定义多线的样式。

一、定义多线样式

功能:定义绘制多条互相平行的直线的样式。

1. 激活"多线样式"命令的方式

● 命令行:MLSTYLE。

● 下拉菜单:"格式"➪"多线样式"。

2. 定义多线样式

激活"多线样式"命令后,弹出"多线样式"对话框,如图 2-21 所示。单击对话框中的"新建"按钮,弹出"创建新的多线样式"对话框,如图 2-22 所示。在此对话框中输入"新样式名"后,单击"继续"按钮,弹出"创建多线样式"对话框,如图 2-23 所示。在此对话框中,可以设置多线样式的封口、填充、元素特性等内容。

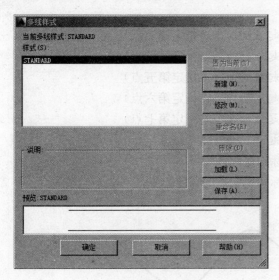

图 2-21 "多线样式"对话框

图 2-22 "创建新的多线样式"对话框

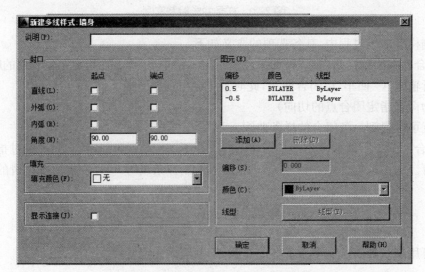

图 2-23 "新建多线样式"对话框

（1）说明

"说明"文本框用于输入多线样式的说明信息，可以为空。当在图 2-21 所示对话框的"多线样式"列表中选中某一多线样式时，关于该多线样式的说明信息将显示在"说明"区域中。

（2）设置封口模式

"封口"选项组用于控制多线起点和端点处的样式。可以为多线的每个端点选择一条直线或弧线，并输入角度。其中，"直线"穿过整个多线的端点，"外弧"连接最外层元素的端点，"内弧"连接成对元素，如果有奇数个元素，则中心线不连接，如图 2-24 所示。

直线封口　　　　　　外弧封口　　　　　　内弧封口

图 2-24　多线的封口样式

如果选中"新建多线样式"对话框中的"显示连接"复选框，可以在多线的拐角处显示连接线，否则不显示，如图 2-25 所示。

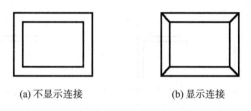

(a) 不显示连接　　　　　(b) 显示连接

图 2-25　不显示连接与显示连接对比

（3）设置填充颜色

"填充"选项组用于设置是否填充多线的背景。可以从"填充颜色"下拉列表框中选择所需的填充颜色作为多线的背景。如果不使用填充色，则在"填充颜色"下拉列表框中选择"无"即可。

（4）设置组成元素的特性

"图元"选项组中，可以设置多线样式的元素特性，包括多线的线条数目、每条线的颜色和线型等特性。其中，"图元"列表框中列举了当前多线样式中各线条元素及特性，包括线条元素相对于多线中心线的偏移量、线条的颜色和线型。如果要增加多线中线条的数目，可单击"添加"按钮，在"图元"列表中将加入一个偏移量为 0 的新线条元素；通过"偏移"文本框设置线条元素的偏移量；在"颜色"下拉列表框设置当前线条的颜色；单击"线型"按钮，使用弹出的"线型"对话框设置线元素的线型。

此外，如果要删除多线中的某一线条，可在"图元"列表框中选中该条元素，然后单击"删除"按钮。

二、绘制多线

功能：绘制多条相互平行的直线。

1. 激活"多线"命令的方式

●命令行：MLINE 或 ML。

●下拉菜单："绘图" ⇨ "多线"。

2."多线"命令执行过程

命令：_mline

当前位置：对正＝上，比例＝20.00，样式＝STANDARD

指定起点或[对正(J)/比例(S)/样式(ST)]：

在命令行中，"当前位置：对正＝上，比例＝20.00，样式＝STANDARD"提示信息显示了当前多线格式的对正方式、比例及多线样式名。默认情况下，需要指定多线的起始点，以当前的格式绘制多线，其绘制方法与绘制直线相似。此外，该命令提示中其他选项的含义如下：

(1)"对正(J)"选项。指定多线的对正方式，此时命令行显示"输入对正类型：

[上(T)/无(Z)/下(B)]＜上＞："各选项的含义如图 2-26(a)所示。

(2)"比例(S)"选项。指定所绘制的多线的间隔相对于多线定义的间隔的比例因子，如图 2-26(b)所示。该比例不影响多线的线型比例。

(3)"样式(ST)"选项。指定绘制多线的样式，默认为标准(STANDARD)样式。当命令行显示"输入多线样式或[?]："提示信息时，可以直接输入已有的多线样式名，也可输入"?"显示已定义的多线样式名。

对正方式：上　　　对正方式：无　　　对正方式：下　　　　比例 因子=20　　　比例 因子=60

(a) 对正方式　　　　　　　　　　　　　　　　　　　　(b) 比例

图 2-26　多线绘制实例

第八节　点

一、绘 制 点

功能：在指定位置绘制单点或多点。

1. 激活"点"命令的方式

● 命令行：POINT(单点)或 MULTIPLE(多点)。

● 下拉菜单："绘图"⇨"点"。

● 功能区："常用"选项卡"绘图"面板："多点"　按钮。

2."点"命令执行过程

命令：_point

当前点模式：PDMODE＝0　　PDSIZE＝0.0000(说明当前所绘制点的模式与大小)

指定点：(指定点的位置)

在此提示下，用户可以在绘图区用鼠标拾取各点或输入各点的坐标值，此时在绘图区相应的位置将绘制相应的点。按 Esc 键可结束"点"命令。

二、设置点样式

功能：设置点的大小和样式。

1. 激活"点样式"命令的方式

● 命令行：DDPTYPE。

● 下拉菜单："格式"➪"点样式"。

2. 设置点样式

激活"点样式"命令后弹出"点样式"对话框如图 2-27 所示，其各部分的含义如下：

(1)图形选择框：在图 2-27 上方，有 20 种点样式，供用户选择，其中点的默认样式为一个小点。

(2)"点大小"文本框：设置点的大小。

(3)"相对于屏幕设置大小"单选按钮：表示该点的大小与屏幕的尺寸的百分比，此时点的大小不随图形的缩放而改变。

(4)"按绝对单位设置大小"单选按钮：设置点的绝对尺寸，当显示控制缩放时，该点大小也随之改变。

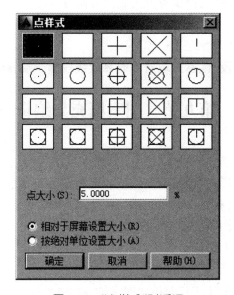

图 2-27　"点样式"对话框

三、定数等分线段

功能：在对象上按指定的数量绘制多个点，这些点之间的距离是相等的。

1. 激活"定数等分"命令的方式

● 命令行：DIVIDE。

● 下拉菜单："绘图"➪"点"➪"定数等分"。

● 功能区："常用"选项卡"绘图"面板："定数等分" ⚲ 按钮。

2."定数等分"命令执行过程

命令：_divide

选择要定数等分的对象：(选择要等分的直线或圆等)

输入线条数目或[块(B)]：(输入要等分的数目 6 回车)

结果如图 2-28 所示。

如果要消除定数等分点的标记，选中这些点删除即可。

图 2-28　定数等分点

四、定距等分线段

功能：从指定对象上的一端按指定的距离绘制多个点，最后一段可以等于也可以不等于指定距离。

1. 激活"定距等分"命令的方式

●命令行：MEASURE。

●下拉菜单："绘图"⇨"点"⇨"定距等分"。

●功能区："常用"选项卡"绘图"面板："定距等分" 按钮。

2. "定距等分"命令执行过程

命令：_measure

选择要定距等分的对象：(选择要等分的直线或圆等)

输入线段长度或[块(B)]：100✓(输入等距值)

结果如图 2-29 所示。

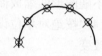

图 2-29　定距等分点

说明：进行定距等分线段，鼠标点取对象时靠近线段哪一端，就从哪一端开始起计量。

第九节　图案填充与编辑

一、图案填充的创建

功能：在需要填充的图形中，为指定的区域填充特定的剖面线或图案，用以表示物体的范围或被剖切物体所使用的材料。

1. 激活"图案填充"命令的方式

●命令行：BHATCH 或 BH。

●下拉菜单："绘图"⇨"图案填充"。

●功能区："常用"选项卡"绘图"面板："图案填充" 按钮。

2. 使用"图案填充"上下文选项卡

激活"图案填充"命令后，功能区变换为图 2-30 所示的形式。功能区中的"图案填充创建"选项卡包括"边界""图案""特性""原点""选项"和"关闭"六个面板，通过这些面板用户可以设置图案填充时的图案填充特性、填充边界及填充方式等参数。

图 2-30　"图案填充"上下文选项卡

（1）"边界"面板

在"边界"面板区，包括"拾取点""选择""删除"和"重新创建"等按钮，其中各按钮的功能如下：

①"拾取点"按钮：以拾取点的形式来指定填充区域的边界。单击该按钮，可在需要填充的区域内任意拾取一点，系统会自动计算出包围该点的封闭填充边界，同时亮显该边界。如果在拾取点后系统不能形成封闭的填充边界，则会显示提示信息。

②"选择"按钮：可以通过选择对象的方式来定义填充区域的边界。使用该选项时，不会自动检测内部对象。必须选择选定边界内的对象，以按照当前孤岛检测样式填充这些对象。

③"删除"按钮：单击该按钮可以从边界定义中删除之前添加的任何对象。

④"重新创建"按钮：围绕选定的图案填充或填充对象创建多段线或面域，并使其与图案填充对象相关联。

（2）"图案"面板

显示所有预定义和自定义图案的预览图像。其中，自定义图案可以在"图案"选项卡上的图案库查找。

（3）"特性"面板

在"特性"面板区，包括"图案填充类型""图案填充透明度""图案填充角度"和"填充图案比例"等按钮，其中各按钮的功能如下：

①"图案填充类型"按钮，用来指定填充类型，包括使用实体、渐变色、图案和用户定义四种类型。

②"图案填充透明度"按钮，设定新图案填充或填充的透明度，替代当前对象的透明度。选择"使用当前值"可使用当前对象的透明度设置。

③"图案填充角度"按钮，指定图案填充或填充的角度（相对于当前 UCS 的 X 轴）。

④"填充图案比例"按钮，仅当"类型"设定为"图案"时可以使用，用于放大或缩小预定义或自定义填充图案。

（4）"原点"面板

控制填充图案生成的起始位置。某些图案填充（例如砖块图案）需要与图案填充边界上的某一点对齐。默认情况下，所有图案填充原点都对应于当前的 UCS 原点。

（5）"选项"面板

用于控制图案填充的常用选项，包括"关联""注释性""特性匹配"三个按钮及"允许的间隙""创建独立的图案填充""孤岛检测""绘图次序"等选项区。

①"关联"按钮，使指定的图案填充为与填充边界关联的图案填充。关联的图案填充，当用户修改其边界对象时将会按世界的变化更新。

②"注释性"按钮，若指定图案填充为注释性。此特性会自动完成缩放注释过程，从而使注释能够以正确的大小在图纸上打印或显示。

③"特性匹配"按钮，其中包括"使用当前原点"和"使用源图案填充的原点"两个选项，默认为"使用当前原点"，指使用选定图案填充对象（除图案填充原点外）的图案填充特性。"使用源图案填充的原点"是指使用选定图案填充对象（包括图案填充原点）的图案填充特性。

④"允许的间隙"选项，用来设定将对象用作图案填充边界时可以忽略的最大间隙。默认

值为0,即指定的填充区域必须是封闭区域而没有间隙。用户可移动滑块或按图形单位输入一个值(0~5000),以设定将对象用作图案填充边界时可以忽略的最大间隙。任何小于等于指定值的间隙都将被忽略,并将边界视为封闭。

⑤"创建独立的图案填充"选项,用于控制当指定了几个单独的闭合边界时,是创建一个图案填充对象,还是创建多个图案填充对象。

⑥"孤岛"选项,在"孤岛"选项组中,选中"孤岛检测"复选框可以设置孤岛的填充方式,其中包括"普通""外部"和"忽略"3种方式,如图2-31所示。

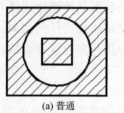 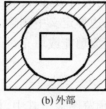 

(a) 普通   (b) 外部   (c) 忽略

图 2-31 孤岛的 3 种填充方式

⑦"绘图次序"选项,用以指定图案填充的绘图顺序,图案可以放在图案填充边界及其他对象之后或之前。

(6)"关闭"面板

用来关闭"图案填充创建",退出图案填充,并关闭上下文选项卡。也可以按 Enter 键或 Esc 键退出图案填充。

二、图案填充编辑

当填充的图案需要更改时,可以通过图案编辑命令进行编辑修改。

1. 激活"图案编辑"命令的方式

●命令行:HATCHEDIT。

●下拉菜单:"修改"⇨"对象"⇨"图案填充"。

●双击要编辑的图案对象。

2. 编辑图案对象的操作方法

用户可以用上述三种方式,执行"图案填充编辑"命令。使用"HATCHEDIT"命令和下拉菜单启动"图案编辑"时,可弹出"图案填充编辑"对话框,如图 2-32 所示。通过修改对话框中相关参数即可实现图案填充的编辑。双击要编辑的图案对象,可弹出"图案填充上下文"选项卡,该选项卡显示了选定图案对象的当前特性及相关参数,用户可以对其进行修改,从而实现图案填充编辑。

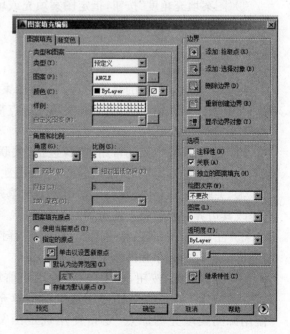

图 2-32 "图案填充编辑"对话框

上 机 实 训

实训一　绘制图 2-33 所示平面图形,不标注尺寸

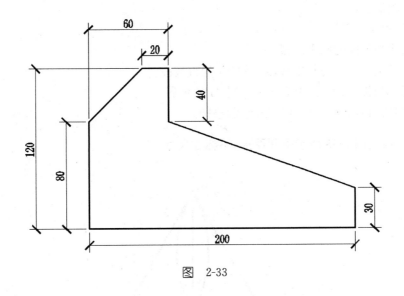

图　2-33

1. 目的要求

本实训设计的图形主要用"直线"命令绘制,通过本实训,要求熟练掌握"直线"命令,灵活掌握在正交状态和非正交状态下用点的相对坐标和直接输入直线的长度等绘制平面图形的方法。

2. 操作提示

(1)新建图形文件。

(2)新建"粗实线"层。

(3)依次绘制各段直线,水平和垂直线段打开"正交"模式直接输入线段的长度,斜线则通过输入点的相对坐标绘制。

(4)绘制最后一段直线时,可输入"c"选项闭合平面图形。

实训二　绘制图 2-34 所示平面图形,不标注尺寸

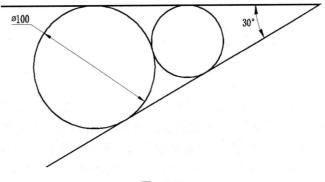

图　2-34

1. 目的要求

本实训设计的图形主要用到"直线"和"圆"命令,通过本实训,要求熟练掌握"直线"和"圆"命令,灵活掌握"圆"命令的各种绘制方法并用以绘制平面图形。

2. 操作提示

(1)新建图形文件。

(2)新建"粗实线"层。

(3)绘制适当长度的水平线段。

(4)运用极坐标绘制与水平线段倾斜 30°的直线段。

(5)用"相切、相切、半径(T)"方式绘制 $\phi100$ 的圆。

(6)用"相切、相切、相切(A)"方式绘制小圆。

实训三　绘制图 2-35 所示平面图形,不标注尺寸

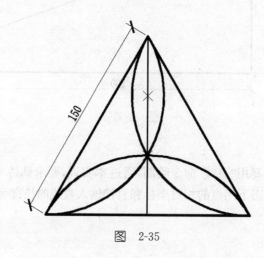

图　2-35

1. 目的要求

本实训设计的图形主要用到"正多边形"、"直线"、"定数等分"和"圆弧"等命令。通过本实训,要求灵活掌握各种"圆弧"和"正多边形"命令的使用方法,并灵活运用绘制平面图形。

2. 操作提示

(1)新建图形文件。

(2)新建"粗实线"层和"细实线"层。

(3)用"正多边形"命令绘制三角形。

(4)过三角形顶点画竖直辅助线。

(5)用"定数等分"命令将辅助直线三等分。

(6)用"圆弧"命令中的"三点(P)"方式画三个圆弧。

注意:操作提示的第(6)步,用"圆弧"命令中的"三点(P)"方式画圆弧时,需把鼠标移到状态栏中的"对象捕捉"按钮处,单击右键,选设置选项,从弹出的草图设置对话框中,在对象捕捉模式框选中端点和节点,确定,并按下"对象捕捉"按钮,此时画圆弧时鼠标即可精确选取端点和定数等分点。该功能详见后面第三章第 2 节精确绘图辅助工具。此题也可学完该内容后再练习。

实训四 绘制图 2-36 所示平面图形,并对其进行图案填充,不标注尺寸。

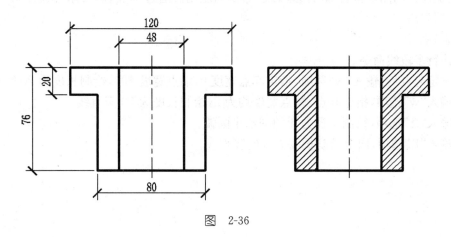

图 2-36

1. 目的要求

本实训设计的图形主要用到"直线"和"图案填充"命令。通过本实训,要求熟练掌握"图案填充"命令的使用方法。

2. 操作提示

(1)新建图形文件。

(2)新建图层:"粗实线"层、"细实线"层和"点画线"层。

(3)用"直线"命令绘制平面图形。

(4)用"图案填充"命令填充平面图形。

注意:操作提示第(2)步,新建图层详见第三章第 1 节"图层"。本节练习时可先用默认图层"0"层绘图即可。待下次课讲完"图层"知识点,再进行完善。

实训五 利用多段线命令绘制图 2-37 所示平面图形,不标注尺寸

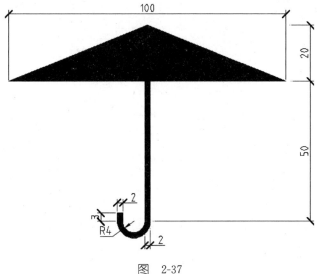

图 2-37

1. 目的要求

本实训设计的图形主要练习"多段线"命令的应用。通过本实训,要求熟练掌握"多段线"命令的使用方法。

2. 操作提示

(1)执行多段线命令。

(2)选定起点后,输入"w"选项,指定起点宽度 0,端点宽度 100,绘制长度为 20 竖直线。

(3)输入"w"选项,指定起点、端点宽度均为 2,绘制长度为 50 竖直线。

(4)输入"A"选项,绘制半径为 4 的图示半圆弧。

(5)输入"L"选项,向上绘制长度为 3 的竖直线。

第三章　绘图常用辅助工具

想要高效快速的绘制符合规范要求的工程图纸,需要熟练掌握 AutoCAD 2014 提供的常用辅助绘图工具的各项功能,本章主要介绍图层、精确绘图以及图形的显示控制等功能的概念和应用方法。

第一节　图　　层

图层是用户组织和管理图形的强有力工具。在 AutoCAD 2014 中,所有图形对象都被赋予了图层、颜色、线型和线宽 4 个基本特性,使用者可以通过在不同的图层放置不同的对象,实现快速控制对象的显示和编辑,从而提高绘制复杂图形的效率和准确性。

一个图层相当于一张透明的纸,绘制工程图时将类型相似的内容绘制于同一图层,包含不同内容的图层叠起来就形成了一张工程图,如图 3-1 所示。在这些"纸"当中最上面的一张称为"当前图层",绘图时直接绘制的对象都是绘制在"当前图层"中。

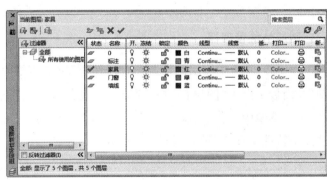

图 3-1　图层与图层特性管理器

在土木建筑工程图中包括不同内容,如家具、门窗、墙或基准线、轮廓线、虚线、剖面线、尺寸标注、文字说明等内容,绘图时将各种不同的内容放在不同的图层内,用图层来管理这些内容的特性。如果需要对图形的某一类对象进行修改编辑,选择相应的图层即可。在单独对某一图层中的对象进行修改时,不会影响到其他图层中的对象。

一、图层特性

每个图层都有各自的特性,绘图时显示的对象特性通常情况下由当前图层的设置决定。因此使用图层时,需对每个图层的特性进行单独设置,以便于掌握绘图的准确性和方便对象编辑,图层的特性包括"名称""打开/关闭""锁定/解锁""颜色""线型"和"线宽"等等。

与图层特性相关的"常用"功能区面板有两个,一个是"图层"面板,如图 3-2 所示,另一个是"特性"面板,如图 3-3 所示,将光标放于面板图标上,将显示该图标的名称。面板中各项特性如何应用将在后面的小节中介绍。

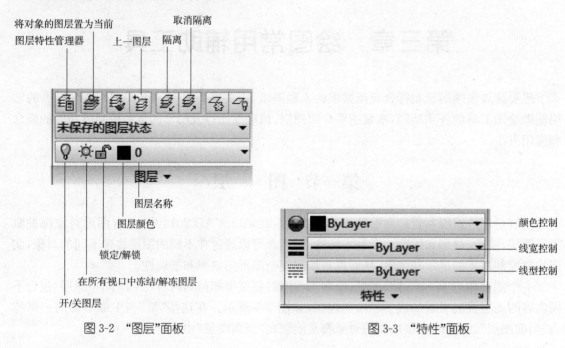

图 3-2 "图层"面板

图 3-3 "特性"面板

二、图层特性管理器

AutoCAD 2014 中图层的设置和管理使用"图层特性管理器","图层特性管理器"可通过在"图层"面板中点击"图层特性管理器 ⤴"按钮("图层"面板如图 3-2 所示)启动,也可以在"格式"下拉菜单中选择"图层"启动,还可以在命令行输入"layer 或 LA"后回车。

"图层特性管理器"对话框如图 3-4 所示。

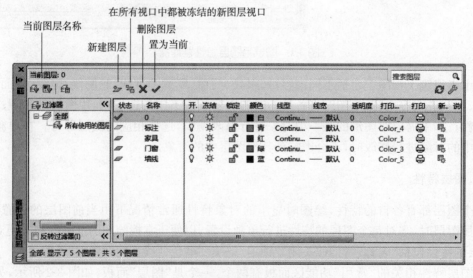

图 3-4 "图层特性管理器"对话框

创建新文件时,AutoCAD 2014 创建一个名为"0"的特殊图层。默认情况下,0 层被指定使用 7 号颜色(白色或黑色,由背景颜色决定)、"Continuous"线型、"默认"线宽等属性,用户不能删除或重命名 0 层。

在绘图过程中需要使用更多的图层来组织自己的图形,就需要创建新的图层。在"图层特性管理器"对话框中,单击"新建图层█"按钮,在图层列表中会创建一个名为"图层 1"的新图层。此时,若想改变图层名称,可在名称处直接输入新的图层名称。对于已经建立的图层,若想改变其名称可用鼠标两次单击图层名称,再输入新的名称,然后点击名称外任意位置即可完成重命名。新建图层的特性与图层特性管理器中选中的图层的颜色、线型、线宽等设置相同。

创建的图层发现没有用,可以选择删除图层。选中要删除的图层,单击对话框上方的"删除█"按钮,该图层将被删除。

注意:当前图层、0 层、定义点层(Defpoints)以及包含图形对象的图层("状态"列表中深色显示的图层)不能被删除。

需要在某个图层上绘图时,在图层列表中选中该图层,单击对话框上方的"置为当前█"按钮,或双击该图层名称,即可将该层设置为当前层,此时该图层状态列表处的符号变为█,用户直接绘制的对象就在该层上,且具有该图层的特性。在"图层"面板(图 3-2)的下拉列表中选择某图层,也可以切换当前图层。

三、创建新图层

AutoCAD 2014 中创建新图层时,需要对图层的基本属性进行设置,设置的内容包括图层的状态、名称、线型、颜色、线宽、透明度和打印样式等特性,这些特性在"图层特性管理器"对话框的图层列表中显示。

1. 状态

状态列显示图层的状态。其中█表示当前图层,█表示有对象的图层,█表示没有对象的图层。

2. 名称

名称即图层的名字,在默认情况下,新建图层名称按图层 1、图层 2、图层 3……的编号依次递增,用户可以根据需要改变图层名称,图层名称最好能表达图层的特性,命名时可以以线型或内容命名,例如:点画线(DHX)或钢筋线(GJ)等。

注意:图层名称中不能包含通配字符(* 和?)等,也不能与其他图层重名,否则会有警告提示。

3. 颜色

AutoCAD 2014 的每一个图层都可以单独设置颜色,图层的颜色就是图层中对象的颜色,不同的图层可以设置相同的颜色,也可以设置不同的颜色。颜色在图形中具有非常重要的作用,尤其是在绘制复杂的图形时,对不同类型的图形对象设置不同的颜色,可以使复杂的图形看起来更清晰明了。

在默认情况下,新创建的图层颜色被指定为 7 号颜色(白色或黑色,由背景颜色决定)。要改变图层颜色,可在"图层特性管理器"对话框中,单击"颜色"列对应的小方块图标█即可打开"选择颜色"对话框,如图 3-5 所示。

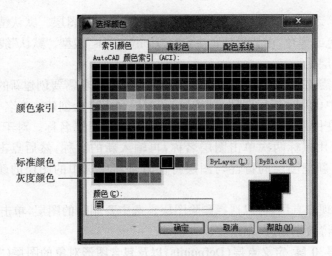

图 3-5 "选择颜色"对话框

在选择颜色对话框中可以使用"索引颜色""真色彩""配色系统"3 个选项卡为图层选择颜色。

(1)索引颜色

在"选择颜色"对话框的"索引颜色"选项卡中,可以使用 AutoCAD 2014 的标准颜色,如图 3-5 所示。在颜色表中每一个颜色用一个编号标识(1~255 之间的整数)。"索引颜色"选项卡实际上是一张包含 255 种颜色的颜色表,各部分功能如下:

①"AutoCAD 2014 颜色索引(ACI)"调色板:包含 240 种颜色。选择某一种颜色时,在颜色列表的下面将显示该颜色序号,以及该颜色对应的 RGB 值。

②标准颜色选项组:包含 9 种颜色。标准颜色名称仅使用于 1~7 号颜色。这 7 种颜色分别指定为 1 红色、2 黄色、3 绿色、4 青色、5 蓝色、6 洋红、7 白色/黑色。此外,在该选项组中还包含了 8 号和 9 号两种灰度颜色。

③灰度颜色选项组:包含 6 种灰度色,可以将图层颜色设置为灰度色。

④"颜色"文本框:显示与所选颜色对应的名称或编号。

⑤"ByLayer"(随层)按钮:单击该按钮可以确定颜色为随层方式,即所绘图形实体的颜色总是与所在图层颜色一致。

⑥"ByBlock"(随块)按钮:单击该按钮可以确定颜色为随块方式。随块颜色为 7 号颜色。此时在绘制图形时颜色为白色,如果将绘制的图形创建为块,那么图块中各对象的颜色将保存于块中。当把块插入到图形中时,块的颜色将使用当前层的颜色,但前提是插入块时颜色设为随块方式。

注意:一般情况下,图层颜色从 7 种"标准颜色"中选用,无法满足需要时可以选用"索引颜色(ACI)"。

(2)真彩色

在"选择颜色"对话框中,也可以选择"真彩色"选项卡设置图层的颜色。真彩色使用 24 位颜色定义显示 16M 色。指定真彩色时,可以使用 RGB 或 HSL 颜色模式。如果使用 RGB 颜色模式,则可以指定颜色的红、蓝、绿组合;如果使用 HSL 颜色模式,则可以指定颜色的色调、饱和度和亮度等要素,如图 3-6 所示。在这两种颜色模式下可以得到同一种所需的颜色,但组合颜色的方式不同。

（3）配色系统

在"选择颜色"对话框中，也可以选择"配色系统"选项卡设置图层的颜色，如图 3-7 所示。

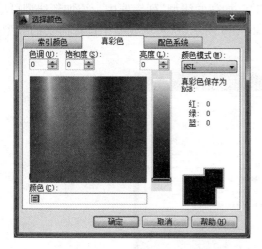
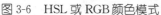
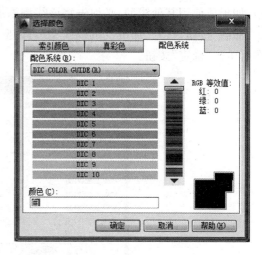

图 3-6　HSL 或 RGB 颜色模式　　　　　图 3-7　"配色系统"选项卡

AutoCAD 2014 有三种配色系统：DIC 颜色指南、Pantone 配色系统、RAL 颜色集，可以根据需要选择需要的颜色系统。

注意：绘制图纸时，如无特殊颜色需求，图层颜色使用"索引颜色"。

4. 线型

图线是图形的基本元素，图线又有不同的线型。AutoCAD 2014 提供了多种线型可供选用，这些线型中既有简单连续的实线线型，也有一些非连续线型，如虚线、点画线等，更有由特殊符号组成的复杂线型。

（1）设置图层线型

绘制不同性质的图线应使用相应的线型，在设置图层时，可以对线型进行设置。默认情况下，图层的线型是 Continuous（实线），要改变图层线型，可单击"图层特性管理器"对话框该图层对应的"线型"列中的 Continuous，打开"选择线型"对话框，如图 3-8 所示，在"已加载的线型"列表框中选择需要的线型，然后单击"确定"按钮。若"已加载线型"中没有需要的线型则需"加载"线型。

图 3-8　"选择线型"对话框

（2）加载线型

默认情况下，在"选择线型"对话框的"已加载的线型"列表框中只有 Continuous 一种线型，如果要使用其他线型，必须先将该线型添加到"已加载的线型"列表框中。添加新线型可单击"加载"按钮，打开"加载或重载线型"对话框，如图 3-9 所示，从可用线型中选择需要的线型，然后单击"确定"按钮。

图 3-9 "加载或重载线型"对话框

AutoCAD 2014 中的线型包含在线型库定义文件 acad.lin 和 acadiso.lin 中。其中，在英制测量系统下，使用线型库定义文件 acad.lin，在公制测量系统下，使用线型库定义文件 acadiso.lin。可以根据需要，单击对话框中的"文件"按钮，打开"选择线型"文件对话框，选择合适的线型库定义文件。默认情况下，显示为 acadiso.lin，"可用线型"中的"说明"是线型的样式，选择需要的线型名称，点击"确定"，即可将该线型添加到"已加载的线型"中，加载后如图 3-10 所示。

图 3-10 加载线型后"选择线型"对话框

常用非连续线型有虚线：Hidden，点画线：Center，双点划线：Phantom。

（3）设置线型比例

AutoCAD 2014 提供的线型中除实线线型外，还有大量的非连续线型（如虚线、点画线、双点画线等）。这些非连续线型由重复出现的图线元素（如线段、间隔或点等）组成，非连续线型的显示效果受线型库中定义的图线元素大小（不可调整）和绘图时设置的线型比例的影响（可以调整）。

同一种非连续线型在不同线型比例下显示效果不同,如图 3-11 所示,图中的 4 条虚线由于线型比例不一样,图线的显示效果也不一样,其中第 2 条和第 3 条都显示为虚线,而第 1 条和第 4 条都显示为一段实线。第 1 条显示为一段实线是因为线型比例太大,整条虚线显示为虚线中一段线段。第 4 条显示为一段实线是因为线型比例太小,虚线的段线间隔太小而显示不出间隔,看起来就像实线一样。第 2 条线和第 3 条线虽然都

线型比例为10 ————————

线型比例为1 ——— ——— ———

线型比例为0.1 - - - - - - - - -

线型比例为0.01 ————————

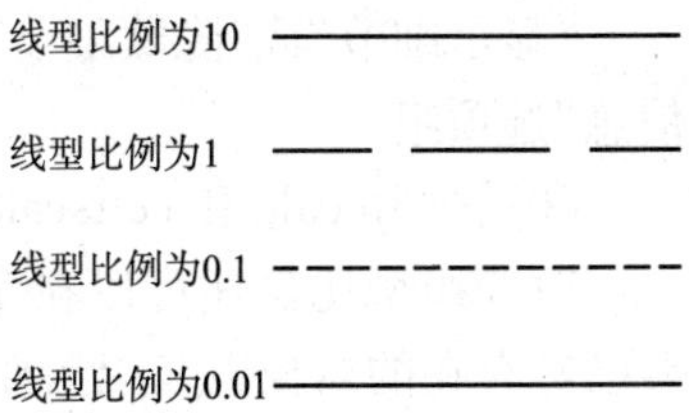

图 3-11　不同线型比例的虚线

是虚线,但是还需要根据图中的具体情况确定是否适用于当前的图形。要想改变非连续线型的显示效果,可通过调整线型比例来改变。

(4)调整线型比例可通过以下三种方法:

①通过"线型管理器"对话框调整线型比例

打开"线型管理器"对话框,如图 3-12 所示可通过以下两种方式:

● 命令行:Line type 或 LT。

● 下拉菜单:"格式"⇨"线型"。

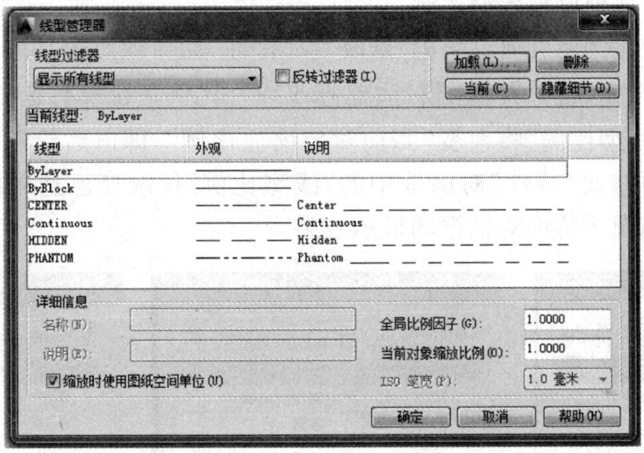

图 3-12　"线型管理器"对话框

"线型管理器"对话框显示了当前使用的线型和可选择的其他线型,点击右上角的"显示细节"或"隐藏细节"按钮后,将显示或隐藏"详细信息"内容。"详细信息"选项组中修改"全局比例因子"和"当前对象缩放比例"中的数值就可以改变不连续线型的显示效果。其中,"全局比例因子"用于设置图形中所有对象的线型比例(包含已经存在的对象以及以后要绘制的新对象的线型比例),"当前对象缩放比例"用于设置以后绘制对象的线型比例。

"线型管理器"对话框中的其他一些选项功能如下:

"线型过滤器"下拉列表框:可根据过滤条件控制在主列表中显示哪些线型。如"显示所有线型"、"显示所有使用的线型"等。

"加载"按钮:单击该按钮可打开"加载或重加载线型"对话框,加载所需线型。

"删除"按钮:单击该按钮可删除在"线型"列表中选中的图中未使用线型。

"当前"按钮:单击该按钮可将选中的线型设置为当前线型,以后的图线无论所在图层为何种线型,均使用当前线型画线。

"显示细节"或"隐藏细节"按钮:单击该按钮可显示或隐藏"线型管理器"对话框中的"详细信息"选项组。

②通过 ltscale 和 celtscale 命令调整线型比例

改变线型比例还可以在命令行输入命令:ltscale 或 celtscale。其中 ltscale 命令将修改所有已经存在的对象以及以后要绘制的新对象的线型比例,相当于"线型管理器"对话框中的"全局比例因子"。而 celtscale 命令仅修改以后要绘制的新对象的线型比例,相当于"线型管理器"对话框中的"当前对象缩放比例"。

ltscale 命令格式如下:

命令:_ltscale

输入新线型比例因子 <1.0000>:(输入新的线型比例 10 回车,将全局比例设置为 10)

celtscale 命令格式如下:

命令:celtscale

输入 CELTSCALE 的新值 <1.0000>:(输入新的线型比例 10 回车,将缩放比例设置为10)

③通过"特性"对话框调整线型比例

改变图线的线型比例还可通过菜单"修改"⇨"特性"命令或点击功能区:"常用"选项卡特性面板右下角的 ◣ 按钮,打开"特性"对话框修改线型比例。在没有选中对象的情况下修改"特性"对话框中的"线型比例"将改变"当前对象缩放比例",即以后绘制的对象的线型比例。在选中对象的情况下修改"特性"对话框中的"线型比例"仅改变已选中的对象的线型比例。图 3-13 所示为不同情况下特性对话框的显示效果。

(a) 未选择对象

(b) 选择单一对象

(c) 选择多个对象

图 3-13 "特性对话框"调整线型比例

需要说明的是,每一个对象的最终线型比例因子等于对象自身的线型比例因子乘以全局线型比例因子。线型比例因子越小,构成线型的图线元素(线段或间隔)就越小,即单位距离的重复数目就越多。

5. 线宽

线宽设置就是改变图线的宽度。要改变某一图层的线宽,可在"图层特性管理器"对话框中,单击"线宽"列对应的线宽值,打开"线宽"对话框,如图 3-14 所示,选择某个线宽点击"确定"按钮则对应的图层线宽设置为该值。

也可通过下拉菜单"格式"⇨"线宽"命令,打开"线宽设置"对话框设置线宽,如图 3-15 所示,设置的线宽作用于设置后绘制的图线。

图 3-14　"线宽"对话框

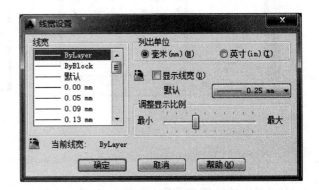

图 3-15　"线宽设置"对话框

在"线宽设置"对话框中,在"线宽"列表框中选择所需线宽后,还可以设置其单位和显示比例等参数。各选项的功能如下:

①"列出单位"单选按钮:设置线宽的单位,可以是"毫米"或"英寸"。

②"显示线宽"复选框:设置在图中是否按所设置的线宽显示线条的线宽,也可以单击状态栏上的"线宽➕"按钮来显示或关闭线宽显示。

③"默认"下拉列表框:设置默认线宽值,即线宽选择"默认"时图线的宽度。默认设置下,默认线宽为 0.25 mm。

④"调整显示比例"选项组:通过调节显示比例滑块,可以设置线宽的显示比例大小。

注意:图线线宽在 0.30 mm 以上(包含 0.30 mm)的图线,设置"显示线宽"或打开状态栏中的"线宽"按钮后才可以显示为粗线,否则图线不显示线宽。

6. 打印样式和打印

在"图层特性管理器"对话框中,可以通过"打印样式"列确定各图层的打印样式,如果使用的是彩色绘图仪,则不能改变这些打印样式,直接用对应的彩色进行打印。

单击打印列对应的打印机图标,可以设置图层打印🖶 或者不打印🖶,可以在保持图层可见性不变的前提下控制图层的打印特性。

注意:定义点(Defpoints)图层为 AutoCAD 2014 自动生成的不打印图层,该层打印机图标为灰色🖶。

7. 说明

"说明"列可以为图层添加必要的说明信息。

四、图层的管理

下面我们以组合体的投影图为例,来介绍绘图时图层的各种管理命令的功能,如图 3-16(a)所示为图层设置,图 3-16(b)所示为图层控制的图形。

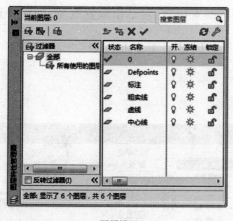
(a) 图层设置

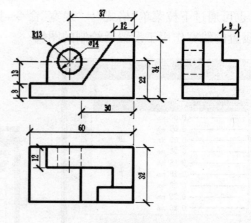
(b) 图层控制的对象

图 3-16　图层管理

1. 开/关状态

在"图层特性管理器"对话框中,单击"开"列对应的小灯泡图标💡,可以打开或关闭图层。在打开状态下,灯泡的颜色为黄色💡,图层上的对象可以显示,也可以在输出设备上打印;在关闭状态下,灯泡的颜色为灰色💡,图层上的对象不能显示,也不能在输出设备上打印,但是可以在该图层上添加对象,如图 3-17 所示。关闭当前图层时,系统将显示一个消息对话框,提示正在关闭当前图层。被关闭的图层可以设置为当前图层。

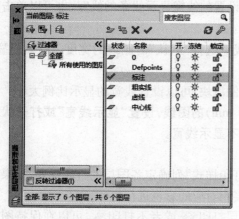
(a) 关闭"标注"图层

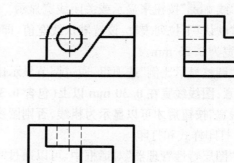
(b) 图形中"标注"不可见

图 3-17　关闭图层

绘制较复杂图形时,根据需要适当关闭一些图层,可以使绘图或看图时更清楚。当图形重新生成时,关闭的图层将一起被重生成,并仍然是整图中的一部分,只是不能被显示出来。

2. 冻结/解冻

在"图层特性管理器"对话框中,单击"冻结"列对应的图标🌞,可以冻结或解冻图层。太阳图标🌞表示解冻,雪花图标❄表示冻结。

若冻结某个图层,该图层上的对象将不能显示,不能被打印输出,也不能编辑该图层上对象。解冻的图层可以显示,可以打印输出,也可以编辑该图层上对象,如图 3-18 所示。

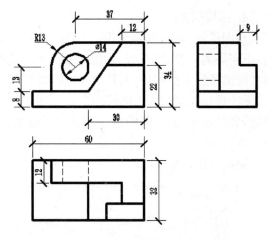

(a) 冻结"中心线"图层　　　　　　　　　　(b) 图形中"中心线"不可见、不能打印

图 3-18　冻结图层

　　冻结图层上的对象不再参加重生成图形的运算,重新生成图形时,系统也不再重新生成该层上的对象。因此,处理复杂图形时冻结不需要的图层,可大大加快系统重生成图形的速度。

　　当前图层不能冻结,也不能将冻结图层改为当前图层,否则将会显示警告信息对话框。

　　注意:冻结的图层与关闭的图层都不能显示,区别在于:冻结的图层不能在其上绘制对象(非当前图层),被冻结图层上的对象也不参加处理过程中的运算;关闭的图层可以在其上绘制对象(不显示),被关闭图层上的对象参加重生成的运算。

　　3. 锁定/解锁

　　在"图层特性管理器"对话框中,单击"锁定"列对应的图标🔓,可以锁定或解锁图层。小锁图标打开🔓表示解锁,小锁图标关闭🔒表示锁定。

　　锁定图层上的对象将以淡显状态显示,而且在锁定的图层上可以绘制新的图形对象,但锁定图层上的对象不能被编辑,如图 3-19 所示。

　　此外,可以在锁定的图层上使用查询命令和对象捕捉功能。

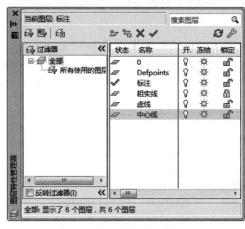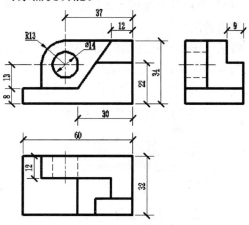

(a) 锁定"粗实线"图层　　　　　　　　　　(b) 粗实线图层淡现

图 3-19　锁定图层

4. 图层隔离

当图层较多时，如需对某一图层进行编辑可使用图层隔离，图层隔离与锁定图层的功能相似，但将图层隔离后只能编辑被隔离图层中的对象，而其他未被隔离的图层都处于锁定状态，无法进行编辑。隔离图层命令是"图层"面板中的隔离"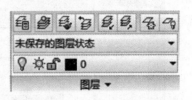"按钮，如需恢复被隔离的图层需点击"取消隔离"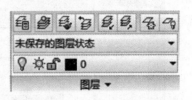按钮，如图 3-20 所示。

图 3-20　图层隔离设置

隔离图层效果，如图 3-21 所示。

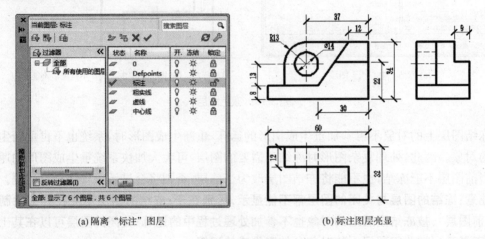

(a)隔离"标注"图层　　　　　　　　(b)标注图层亮显

图 3-21　隔离图层

5. 把某图层设置为当前图层

将某一图层设置为当前图层可通过以下四种方法：

(1)在"图层特性管理器"对话框的图层列表中，选择图层后，单击"当前图层"✔按钮。

(2)在"图层特性管理器"对话框的图层列表中，双击该图层将其设置为当前图层。

(3)在"图层"面板的"图层控制"下拉列表中，单击要设为当前图层的图层名，如图 3-22 所示。

(4)若想把某对象所在的图层设置为当前图层，可选中该对象，点击"图层"面板的""按钮将对象的图层置为当前层。

将某一图层设置为当前图层后，就可以直接在该图层上绘制图形对象。

当前图层的开/关、冻结/解冻、锁定/解锁状态在"图层"面板的窗口中显示，同时在"特性"面板(图 3-23)中将显示当前图层的颜色、线型、线宽等特性。

图 3-22　"图层控制"下拉列表

颜色控制
线宽控制
线型控制

图 3-23　"特性"面板

当没有选中对象时,"特性"工具栏中显示当前图层的颜色、线型、线宽等特性。当选中一个对象,"特性"工具栏将显示该对象的颜色、线型、线宽等信息。若选中多个对象,则各项目中相同特性显示在对应相同内容,不同特性显示为空白。

注意:在"图层"工具栏下拉列表中单击图层的"开/关"按钮、"冻结/解冻"按钮、"锁定/解锁"按钮可以实现相应操作。

6. 改变对象所在图层

在绘图时,如果绘制完某一对象后,发现该对象并没有绘制在正确的图层上,可以先选中该图形对象,并在"图层"面板的"图层"下拉列表中选择预先设置的图层名,这时该图形对象将从所在图层改变到选中的图层。

第二节　精确绘图辅助工具

在绘制图形时,可以通过移动光标来拾取点的位置,但这样确定的点的位置往往不够精确,要想精确定位必须使用坐标或捕捉功能。本节主要介绍如何使用系统提供的极轴、捕捉、正交、追踪等功能完成精确绘图,如图 3-24 所示,这些功能在 AutoCAD 2014 界面的下方左侧的状态栏上,可以打开或关闭,图标亮显为打开。

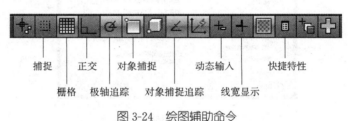

图 3-24　绘图辅助命令

一、栅格和捕捉

"栅格"在屏幕上显示栅格,如图 3-25 所示。在显示栅格的屏幕上绘图,就如同在坐标纸上绘图一样,有助于作图的参考定位。栅格只是辅助工具,不是图形的一部分,所以栅格不会被打印输出。

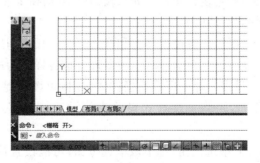

图 3-25　"栅格"打开效果

"捕捉"用于设定光标移动的固定步长。从而使光标在绘图区域内沿 X 轴或 Y 轴方向上,以固定步长的整数倍移动。当捕捉功能打开时,光标呈跳跃式移动。当捕捉的步长与栅格间距相同时，光标总是准确地落在栅格点上。

在 AutoCAD 2014 中使用"栅格"和"捕捉"功能，在一定程度上可以提高绘图效率。

1. 栅格和捕捉的打开或关闭

在 AutoCAD 2014 中，要打开或关闭"捕捉"和"栅格"功能，可以通过以下方法。

(1)在 AutoCAD 2014 程序窗口的状态栏中，单击"捕捉" ▨ 和"栅格" ▨ 按钮。

(2)按 F7 键打开或关闭栅格，按 F9 键打开或关闭捕捉。

2. 设置捕捉和栅格参数

右击状态栏中的"▢"或"▦"按钮，在右键快捷菜单中选择"设置"，打开"草图设置"对话框，如图 3-26 所示，利用"草图设置"对话框中的"捕捉和栅格"选项卡，可以设置捕捉和栅格的相关参数，各选项的功能如下：

图 3-26 "捕捉和栅格"选项卡

(1)"启用捕捉(F9)"复选框：打开或关闭捕捉方式。选中该复选框，可以启用捕捉。

(2)"捕捉间距"选项组：可以通过设置"捕捉 X 轴间距"和"捕捉 Y 轴间距"设置捕捉的固定步长，间距值必须为正值。捕捉间距可以与栅格间距不同。

(3)"启用栅格(F7)"复选框：打开或关闭栅格的显示。选中该复选框，可以启用栅格。

(4)"栅格间距"选项组：设置栅格间距。如果栅格的 X 轴和 Y 轴间距值为 0，则栅格采用"捕捉"设置的 X 轴和 Y 轴间距的值显示。

(5)"捕捉类型"选项组：可以设置捕捉类型和样式，包括"栅格捕捉"和"极轴捕捉"两种。

①"栅格捕捉"单选按钮：选中该单选按钮，可以设置捕捉样式为栅格。当选中"矩形捕捉"单选按钮时，可将捕捉样式设置为标准矩形捕捉样式，光标可以捕捉一个矩形栅格结点；当选中"等轴测捕捉"单选按钮时，可将捕捉样式设置为等轴测捕捉模式，光标将捕捉到等轴测栅格。

②"极轴捕捉 PolarSnap"单选按钮：选中该单选按钮，可以设置捕捉样式为极轴捕捉。此时，在启用了极轴追踪或对象捕捉追踪情况下指定点，光标将沿极轴角或对象捕捉追踪角度进行捕捉，这些角度是相对最后指定的点或最后获取的对象捕捉点计算的，并且在左侧的"极轴间距"选项中的"极轴距离"文本框中可以设置极轴捕捉距离，将捕捉到该值的整数倍。如果该值为 0，则极轴捕捉间距采用"捕捉间距"中"捕捉 X 轴间距"的值。

3. 栅格行为

(1)自适应栅格。当图形缩小,栅格按设定值显示间距太小时,限制栅格密度,即以大于栅格设置的间距显示。当图形放大时,可以选择"允许以小于栅格间距的间距再拆分"。

(2)显示超出界限的栅格。在超出 LIMITS 命令指定区域外显示栅格。

(3)遵循动态 UCS。更改栅格平面以跟随动态 UCS 的 XY 平面。

注意:当使用光标拾取点时,若出现光标跳动,无法出现在需要的位置时,为"捕捉"功能处于打开状态,关闭该功能即可。

二、正交(Ortho)

使用正交命令可以设置正交模式,用于控制是否以正交模式绘图。在打开正交模式下,直接利用光标绘制出直线与当前 X 轴或 Y 轴平行,而在关闭正交模式下,绘制的直线可以沿任意方向。

打开或关闭正交模式有如下三种方法:

●状态栏:"正交" █按钮。

●按 F8 功能键。

●在命令行输入命令:ORTHO。

在命令行输入命令后,命令行显示:

命令:_ortho

输入模式[开(ON)/关(OFF)]<关>:(输入 ON 再回车打开正交状态,输入 OFF 再回车打开关闭状态)

需要画水平线或竖直线时,利用正交模式可以加快绘图速度,并提高绘图的准确度。

三、对象捕捉

在绘图的过程中,经常会用到已知对象上的特殊点,例如线段的端点、圆或圆弧的圆心、两个对象的交点等,只凭观察来拾取点不可能准确的找到这些点的具体位置,为此,AutoCAD 2014 提供了对象捕捉功能,可以迅速准确地捕捉到这些特殊点,从而提高绘图的精度和速度。

1. 对象捕捉的类别

"对象捕捉"右键快捷菜单如图 3-27 所示,以及草图设置的"对象捕捉"如图 3-28 所示,提供了各种可以捕捉到的特殊点,这些特殊点即捕捉类别,它们的名称、功能及标记见表 3-1。

2. 对象捕捉的方式

AutoCAD 2014 提供两种对象捕捉方式:自动对象捕捉和单点对象捕捉。

(1)自动对象捕捉

在"草图设置"对话框的"对象捕捉"选项卡中,事先设置一些经常要捕捉的点的类别,并打开对象捕捉功能。这时只要命令行提示要求输入点时,就会自动选择对象上距离光标最近的特殊点,并显示如表 3-1 标记栏中相应的标记。如果把光标放在捕捉点上停留片刻,系统还会显示捕捉类别的提示。对象捕捉功能在关闭该命令前将一直运行,这种捕捉功能也称为"运行对象捕捉"。

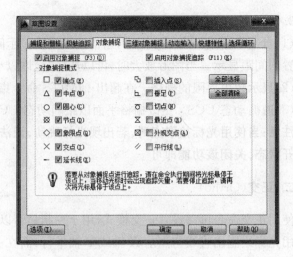

图 3-27 对象捕捉快捷菜单   图 3-28 "对象捕捉"选项卡

表 3-1 捕捉类别

捕捉类别	按钮	关键词	标记	功　　能
临时追踪点		tt		创建对象捕捉的临时点
捕捉自		from		以临时参考点为基点偏移一定距离得到捕捉点
端点		end	□	捕捉线段或圆弧等对象的端点
中点		mid	△	捕捉线段或圆弧等对象的中点
交点		int	×	捕捉线段、圆弧或圆等对象相交的交点
外观交点		app	⊠	外观交点包括外观交点和延伸外观交点。外观交点是指对象在三维空间内不相交，但在当前视图中看起来相交的交点；延伸外观交点是指两个对象假想延长后的交点
延长线		ext	⋯	捕捉直线或圆弧的延长线上的点。当光标经过对象的端点时，显示临时延长线，以便用户指定延长线上的点
圆心		cen	○	捕捉圆、圆弧、椭圆或椭圆弧的圆心
象限点		qua	◇	捕捉圆、圆弧、椭圆或椭圆弧的象限点
切点		tan	○	捕捉对象相切时的切点
垂足		per	⊾	捕捉从预定点到所选择对象所作垂线的垂足
平行线		par	∥	捕捉与指定直线平行的线上的点
插入点		ins	⊓	捕捉块、图像、属性或文字的插入点
节点		nod	⊗	捕捉由"点"命令绘制的点对象以及尺寸界限原点
最近点		nea	⊠	捕捉图形对象上离光标最近的点
无捕捉		non		关闭"对象捕捉"模式
捕捉设置		osnap		设置自动捕捉模式，打开"草图设置"对话框

（2）单点对象捕捉

在绘图时如果需要捕捉某种不常用的特殊点,这时除了可以直接修改"对象捕捉"中的设置外,还可以使用右键快捷菜单。需要捕捉某点时,按住"Shift"键同时右击弹出"对象捕捉"右键菜单(图3-27)。单点对象捕捉的特点是单击某捕捉类型按钮,捕捉并拾取到这个特殊点后,本次对象捕捉就结束了,如需再次捕捉该类型特殊点,则需要重新运行该命令,所以被称为"单点对象捕捉"。在"自动对象捕捉"运行时也可使用单点对象捕捉,当捕捉到单点对象时,系统恢复到自动捕捉方式,单点捕捉优先于自动捕捉。这种功能也称为"临时对象捕捉"或"单点优先对象捕捉"。

3."自动对象捕捉"的应用方法

运用对象捕捉功能进行自动对象捕捉,必须事先设置对象捕捉类别。

（1）设置对象捕捉类别

设置对象捕捉类别要在"草图设置"对话框的"对象捕捉"选项卡中进行。打开"对象捕捉"选项卡的方法有以下几种:

● 命令行:OSNAP。

● 下拉菜单:"工具"⇨"草图设置"。

● 状态栏:右击"对象捕捉"▢⇨"设置…"。

"对象捕捉"选项卡如图3-28所示。在对话框中用鼠标点取捕捉类别对应的复选框就可以设置相应的捕捉类别。

如果要全部选取或全部清除对象捕捉类别,可点取对话框中的"全部选择"或"全部清除"按钮。

注意:设置对象捕捉模式时需根据具体情况设置,有些捕捉模式如果同时选中可能会出现相互干扰,例如需要捕捉端点时同时选中最近点,当距离端点较远时将优先捕捉到最近点。

（2）自动对象捕捉功能的打开或关闭

设置好对象捕捉类别后,可通过以下几种方式打开或关闭对象捕捉功能。

● 状态栏:单击"对象捕捉"▢按钮。

● F3功能键。

● "Ctrl+F"组合键。

● 在"对象捕捉"选项卡中点取"启用对象捕捉"复选框。

当打开对象捕捉功能后,在系统要求指定一个点时,所设置的捕捉模式就自动起作用,并且根据对象上光标所处的位置,自动捕捉到距光标最近的捕捉类别。

4."单点对象捕捉"的应用方法

在系统要求输入一个点时,可通过以下几种方式启动单点对象捕捉。

● 按住"Shift"或"Ctrl"键并同时右击,打开对象捕捉快捷菜单,如图3-27所示。

● 系统提示输入点后在命令行输入捕捉类别的关键词,见表3-1。

● 在"AutoCAD经典"界面下,单击"对象捕捉"工具栏中相应的按钮,如图3-29所示。

选择相应的捕捉类别,再把鼠标移到图形对象附近,即可按捕捉类型捕捉到相应的特殊点。

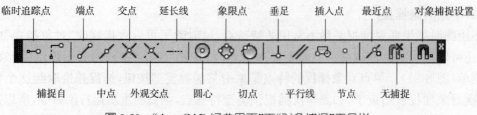

图 3-29 "AutoCAD 经典界面"下"对象捕捉"工具栏

注意:使用"对象捕捉"功能必须满足两个条件:一是图中必须有对象;二是当前命令要求输入点,否则将不会捕捉到任何点。

5. 操作举例

【例 3-1】 利用"自动对象捕捉"方式,对图 3-30(a)所示图形补画线段,完成结果如图 3-30(b)所示。

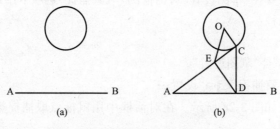

图 3-30 用"自动对象捕捉"绘图

(1)图形分析:AC 线与圆相切,A 为 AB 线端点,C 为切点;CD 线垂直于 AB 线,D 为垂足;DE 线垂直于 AC 线,E 为垂足;EO 线的 O 点为圆心;OC 线中 C 为 AC 线端点,且 OC 线垂直于 AC 线。绘图时需要捕捉:切点、垂足、圆心、端点。

(2)操作步骤如下:

打开对象捕捉对话框,设置点的捕捉类别,选中"端点""垂足""圆心"和"切点"复选框,开启对象捕捉模式,如图 3-31 所示。

图 3-31 对象捕捉设置

执行画线命令 line,命令行提示:

命令:_line

LINE 指定第一点:(移动光标到直线 AB 靠近 A 点处,当出现捕捉"▫"标记后,单击鼠标左键确认)

指定下一点或 [放弃(U)]:(移动光标到圆周 C 点附近的位置,当出现捕捉"▫"标记后,单击鼠标左键确认)

指定下一点或 [放弃(U)]:(移动光标到直线 AB 上,当出现捕捉"▫"标记后,单击鼠标左键确认)

指定下一点或 [闭合(C)/放弃(U)]:(移动光标到直线 AC 上,当出现捕捉"▫"标记后,单击鼠标左键确认)

指定下一点或 [闭合(C)/放弃(U)]:(移动光标到圆周上,当出现圆心标记后,捕捉"○",单击鼠标左键确认)

指定下一点或 [闭合(C)/放弃(U)]:(移动光标到 C 点附近,当出现捕捉"▫"标记后,单击鼠标左键确认)

指定下一点或 [闭合(C)/放弃(U)]:(回车)

操作完毕。

注意:当捕捉到某个特殊点时,光标处就将显示出一个几何图形(称为"捕捉标记")和捕捉提示,不同的捕捉类型会显示不同的捕捉标记和捕捉提示,由此可判断捕捉到的点是否为需要点。

【例 3-2】　利用"对象捕捉"工具栏,将图 3-32(a)绘制成图 3-32(b)所示图形。

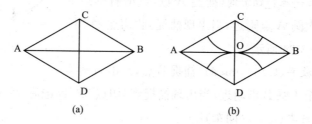

图 3-32　用"单点对象捕捉"绘图

(1)图形分析:图中上边圆弧分别通过 AC 中点,AB 与 CD 交点,BC 中点,下边圆弧分别通过 AD 中点,AB 与 CD 交点,BD 中点。可以利用三点画圆弧,绘图时需要捕捉:"中点"和"交点"。

(2)操作步骤如下:

需要捕捉某一特殊点时,按住"Shift"键同时单击鼠标右键,在弹出的右键菜单(图 3-27)中选择捕捉类型。

①绘制上边圆弧。

执行画圆弧命令 ARC,命令行提示:

命令:_arc

指定圆弧的起点或 [圆心(C)]:mid 于(点击右键菜单中的图标✐捕捉 AC 边中点,移动

光标至菱形 AC 边中点附近,当出现捕捉到"△"标记后,单击确认)

指定圆弧的第二个点或[圆心(C)/端点(E)]:int 于(捕捉菱形两对角线的交点,点击右键菜单图标，移动光标至菱形两对角线的交点附近,当出现捕捉到"×"标记后,单击确认)

指定圆弧的端点:mid 于(捕捉 AC 边中点,点击右键菜单图标，移动光标至菱形 BC 边中点附近,当出现捕捉到"△"标记后,单击确认)

完成上段圆弧。

②绘制下段圆弧,绘图方法参照上段圆弧的绘制。

【例 3-3】 利用"对象捕捉",将图 3-33(a)绘制成图 3-33(b)所示图形。

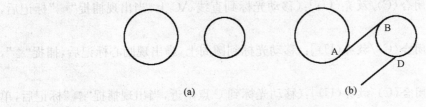

(a)   (b)

图 3-33 用"对象捕捉"绘图

(1)图形分析:AB 为两个圆的公切线,D 点为小圆下侧的象限点,且过 D 点的线与 AB 线平行。绘图时需要捕捉:"切点""象限点"和"平行",这些点不属于常用点,所以使用"对象捕捉"右键菜单。

(2)操作步骤如下:

①绘制公切线

命令:line 指定第一点:_tan 到(捕捉 A 点,点击右键菜单图标，移动光标至大圆 A 点附近,当出现捕捉到"切点"标记后,单击确认,如图 3-34 所示)

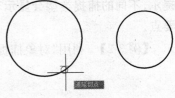

图 3-34 捕捉切点

指定下一点或[放弃(U)]:_tan 到(捕捉 B 点,点击右键菜单图标，移动光标至小圆 B 点附近,当出现捕捉到"切点"标记后,单击确认)

指定下一点或[放弃(U)]:(回车)

注意:由于公切线两个端点均不确定,所以切点可能出现在圆上的任何位置,这时必须根据已知条件分析切点出现的大概位置,将光标放在该位置附近,否则画出的公切线可能不是需要的公切线。

②绘制平行线

命令:line 指定第一点:_qua 于(捕捉 D 点,点击右键菜单图标，移动光标至小圆最下 D 点附近,当出现捕捉到"象限点"标记后,确认)

指定下一点或[放弃(U)]:_par 到(捕捉平行线,点击右键菜单图标，移动光标至 AB 线上,AB 上出现"平行"标记后,沿与 AB 线垂直方向移动光标,当 AB 线上再次出现"平行"标记时,右击绘制出平行线,如图 3-35 所示)

指定下一点或[放弃(U)]:(回车)

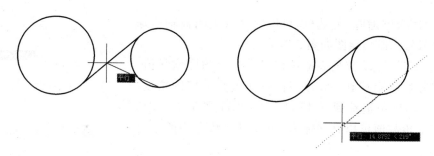

图 3-35　绘制平行线

五、自动追踪

在 AutoCAD 2014 中,用户可以指定某一角度或利用点与其他对象之间的特定关系来确定所要创建点的方向,称为"自动追踪"。"自动追踪"分为"极轴追踪"和"对象捕捉追踪"两种。"极轴追踪"是利用指定角度的方式设置追踪方向,"对象捕捉追踪"是利用点与其他对象特殊点的关系来确定追踪方向。

1. 极轴追踪

极轴追踪功能可以在系统要求指定一个点时,按预先设置的角度增量显示一条辅助线,用户可以沿辅助线追踪得到所需要的点。

(1)极轴追踪的设置

要使用极轴追踪必须事先设置角度增量并启用极轴追踪。极轴追踪设置可在"草图设置"对话框的"极轴追踪"选项卡中进行,打开"极轴追踪"选项卡的方法有以下几种:

●下拉菜单:"工具"⇨"草图设置"。

●状态栏:右击"极轴追踪" ⇨"设置…"。

"极轴追踪"选项卡如图 3-36 所示。

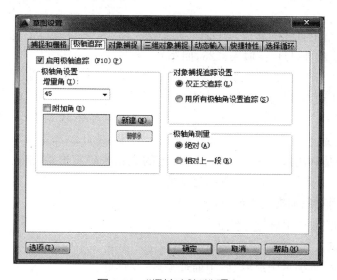

图 3-36　"极轴追踪"选项卡

通过"启用极轴追踪"复选框，可以打开或关闭极轴追踪功能。打开极轴追踪后绘图如图 3-37 所示。

①通过"增量角"下拉列表框可以确定一个角度增量值，启用极轴追踪后将追踪到 360 度以内该角度整数倍的角度，如角增量为 45，则可追踪到 0、45、90、135、180、225、270、315 等角度。增量角数值可以直接输入，也可以在状态栏的右键菜单中选择。

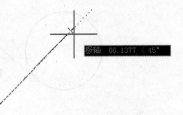

图 3-37　启用极轴追踪

②选中"附加角"复选框，通过"新建"或"删除"按钮，可以在"附加角"文本框内对附加角进行增加或删除，附加角设置的角度只能追踪到角度本身，如附加角为 25，则只能追踪到 25 度，但是附加角可以设置多个不同的角度。

③"极轴角测量"选项组用于选择角度测量的方式。

④"绝对"单选按钮，可以基于当前坐标系确定极轴追踪角度。

⑤"相对上一段"单选按钮，可以基于最后绘制的线段方向确定极轴追踪角度。

（2）打开或关闭极轴追踪的方法

打开或关闭极轴追踪可通过以下三种方式：

●状态栏：单击"极轴追踪"按钮。

●"F10"功能键。

●在"极轴追踪"选项卡中点取"启用极轴追踪"复选框。

注意：极轴追踪与正交模式相互影响，正交模式和极轴追踪模式不能同时打开，若一个打开则另一个自行关闭。

（3）覆盖追踪角度

当系统要求指定一个点时，用户也可以在执行命令过程中重新设置一个追踪角度，从而覆盖"草图设置"对话框中的设置。输入重置的角度值前要加一个"＜"符号。

例如，用极轴追踪绘制一条角度为 23° 的直线。操作如下：

命令：_line

指定第一点：（指定直线的起点）

指定下一点或［放弃（U）］：（输入＜23，回车）

角度替代：23

指定下一点或［放弃（U）］：（指定一个点）

操作完毕。

2. 对象捕捉追踪

对象捕捉追踪是利用点与其他对象之间特定的关系来确定追踪方向。需要注意的是，利用对象追踪功能时，必须同时打开对象捕捉功能。

（1）打开或关闭对象捕捉追踪的方法

●状态栏：单击"对象追踪"按钮。

●"F11"功能键。

●在"对象捕捉"选项卡中点取"启用捕捉追踪"复选框。

（2）对象捕捉追踪的类型

对象捕捉追踪的类型分为两种，如图 3-36 中所示的"对象捕捉追踪设置"。一种追踪方式是"仅正交追踪",选中该选项只在水平或垂直方向上显示追踪辅助线;另一种追踪方式是"用所有极轴角设置追踪",选中该选项将会在水平、垂直和所设定的极轴角的整数倍方向显示追踪辅助线。

(3)使用对象捕捉追踪的基本步骤

①执行一个要求输入点的绘图命令或编辑命令(如 line、move 等)。

②移动光标到一个对象捕捉点并临时获取它。

注意:不要拾取该点,在该点上停顿一下就可以获取此对象捕捉点。当获取了一个点后,移动光标时,获取的点显示为一个"十"号。获取点可以是一个也可以是多个。如果希望清除已获取的点,可将光标再移回到获取标记上,则系统自动清除已获取的点。

③从获取点处移动光标,就将显示一条基于此点的临时辅助线。

④沿显示的辅助线方向移动光标,直至追踪到所需要的点。

(4)操作举例

以矩形的中心为圆心,绘制半径为 50 的圆,如图 3-38(a)所示。

绘图过程如下:

在"草图设置"对话框中设置捕捉类别选中"中点",启用"对象捕捉"功能,启用"对象追踪"功能。

执行 Circle 命令,命令行提示:

命令:_circle

指定圆的圆心或 [三点(3P)/两点(2P)/相切、相切、半径(T)]:(移动光标至矩形水平线中点附近,出现中点标记时(不拾取),沿竖直方向移动光标,出现竖直方向的辅助线;然后移动光标到矩形竖直线中点附近,出现中点标记时(不拾取),沿水平方向移动光标,出现水平方向的辅助线,光标移动至如图 3-38(b)所示位置附近时,水平和竖直辅助线同时出现,并出现如图 3-38(b)所示提示时,单击左键拾取该点,该点即为矩形中心点。)

指定圆的半径或 [直径(D)] <0>:50(回车)

操作完毕。

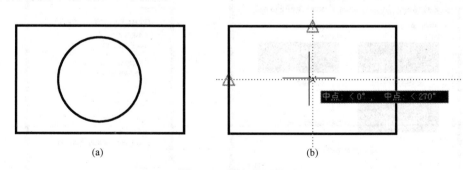

(a)　　　　　　　　　　　　(b)

图 3-38　对象捕捉追踪

3. 使用"捕捉自"功能

在"对象捕捉"右键快捷菜单中还有一个比较有用的对象捕捉工具,即"捕捉自"工具。

"捕捉自"工具,可以通过输入距离基点的相对坐标确定某一个点。系统要求输入一个点时,启用"捕捉自"功能,可指定一点作为基点,通过输入要确定的点和基点的相对坐标来确定新点的位置。它不是对象捕捉模式,但经常与对象捕捉一起使用。

【例 3-4】 利用捕捉自功能在已有 61×39 矩形的基础上,绘制内部 43×21 矩形,如图3-39所示。

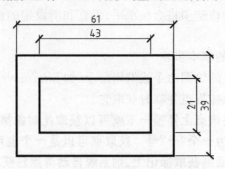

图 3-39 "捕捉自"举例

执行 Rectang 命令,命令行提示:

命令:_rectang

指定第一个角点或 [倒角(C)/标高(E)/圆角(F)/厚度(T)/宽度(W)]:_from 基点:(点击右键菜单(图 3-27)图标 启用"捕捉自"功能,拾取矩形的左上角点)

<偏移>:(输入@9,-9,确定内部矩形的左上角点)

指定另一个角点或 [面积(A)/尺寸(D)/旋转(R)]:(@43,-21,确定内部矩形的右下角点)
操作完毕。

六、使用动态输入(DYN)

动态输入可以在光标位置显示标注输入和命令提示等信息,从而提高绘图速度。

1. 启用指针输入

在"草图设置"对话框的"动态输入"选项卡中,选中"启用指针输入"复选框可以启用指针输入功能,如图 3-40 所示。单击"指针输入"选项组中的"设置"按钮,打开"指针输入设置"对话框设置指针的格式和可见性,如图 3-41 所示。

图 3-40 "动态输入"选项卡

图 3-41 "指针输入设置"对话框

2. 启用标注输入

在"草图设置"对话框的"动态输入"选项卡中,选中"可能时启用标注输入"复选框可以启用标注输入功能,如图 3-40 所示。单击"标注输入"选项组中的"设置"按钮,打开"标注输入的设置"对话框设置标注的可见性,如图 3-42 所示。

3. 显示动态提示

在"草图设置"对话框的"动态输入"选项卡中,选中"动态提示"选项组中的"在十字光标附近显示命令提示和命令输入"复选框或者在"状态栏"单击"⬚"按钮,可以在光标附近显示命令提示。例如在执行 line 命令时,在十字光标附近显示命令提示如图 3-43 所示。

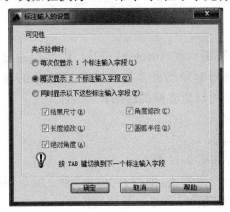

图 3-42 "标注输入的设置"对话框

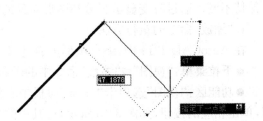

图 3-43 动态显示命令提示

4. 设计工具栏提示外观

在"草图设置"对话框的"动态输入"选项卡中,单击"设计工具栏提示外观"按钮,打开"工具栏提示外观"对话框,可以设置工具栏提示的颜色、大小、透明度以及应用范围,如图 3-44 所示。

七、快捷特性

AutoCAD 2014 提供了快捷特性功能,用户使用鼠标单击图中任意对象,将弹出"快捷特性"对话框,方便用户了解对象的特性信息。启用"快捷特性"后,当选择对象时将弹出选中对象的简要特性介绍对话框,如图 3-45 所示。单击状态栏的⬚图标,可以"打开/关闭"快捷特性,在状态栏的"快捷特性"上右击,可以设置快捷特性的相关信息,如图 3-46 所示。

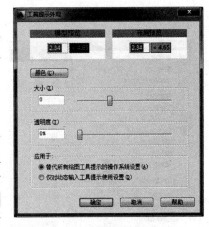

图 3-44 "工具栏提示外观"对话框

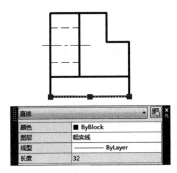

图 3-45 快捷特性显示

图 3-46 快捷特性设置

第三节　图形显示控制

由于电脑显示器尺寸的限制,绘图时,常常要调整图形的观察区域,以便能更好地查看图形,因此,如何控制图形的显示和移动是十分重要的。

一、图形的缩放显示

按一定比例、观察位置和角度显示的图形称为视图。在 AutoCAD 2014 中,可以通过缩放视图来观察图形对象。缩放视图可以增加或减少图形对象的屏幕显示尺寸,但对象的真实尺寸保持不变。通过改变显示区域和图形对象的大小可以更方便的绘图。

1.“缩放”命令的执行方法

在 AutoCAD 2014 中,缩放图形可通过以下方法:

●下拉菜单:“视图”⇨“缩放”命令中的子命令,如图 3-47 所示。

●功能区:“视图”选项卡“导航”面板中右侧的三角箭头,即打开“缩放”命令的子图标菜单,单击相应的按钮,如图 3-48 所示,将其中的“范围”展开后,显示缩放的各种命令,如图 3-49 所示。

●命令行:ZOOM 或 Z。

图 3-47　“缩放”子菜单中的命令

图 3-48　“二维导航”面板

图 3-49　“范围”展开

由命令行输入 ZOOM 命令后,命令行有以下提示:

命令:_zoom

指定窗口的角点,输入比例因子(nX 或 nXP),或者[全部(A)/中心(C)/动态(D)/范围(E)/上一个(P)/比例(S)/窗口(W)/对象(O)]<实时>:

2. 几种缩放方式的意义和用法

(1)实时缩放视图

执行实时缩放可通过以下三种方式:

●下拉菜单:“视图”⇨“缩放”⇨“实时”。

●命令行:ZOOM(或 Z),选择“实时”选项回车。

进入实时缩放模式,此时鼠标指针变为带"＋"和"－"号的放大镜形状。此时按住鼠标左键向上拖动光标可放大图形,按住鼠标左键向下拖动光标可缩小图形,释放鼠标后停止缩放。要退出实时缩放模式或切换到其他缩放模式,可右击打开实时缩放和平移快捷菜单,如图 3-50 所示,选择"退出"或其他选项。

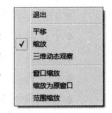

图 3-50　实时缩放和平移快捷菜单

注意:在使用"实时"缩放工具时,如果图形放大到当前视图的最大极限时,放大镜图标的"＋"消失,表示不能再放大了;反之,如果图形缩小到当前视图的最小极限时,放大镜图标的"－"消失,表示不能再缩小了。

(2)缩放上一个

在图形中进行局部绘图时,可能经常需要将图形缩小以观察总体布局,然后又希望重新显示前面的视图,即返回到前一个显示画面。显示前一视图可通过以下三种方式:

●下拉菜单:"视图"⇨"缩放"⇨"上一个";

●功能区:"视图"选项卡"导航"面板"范围"中的按钮 ;

●命令行:ZOOM 或 Z,选择"上一个(P)"选项,即输入"P"回车。

●如果正处于实时缩放模式,则右击,从打开的快捷菜单中选择"缩放为原窗口"命令,即可回到使用实时缩放前的缩放视图。

注意:该功能只能还原视图的大小和位置,而不能还原上一个视图的编辑环境。

(3)窗口缩放视图

执行窗口缩放视图可通过以下三种方式:

●下拉菜单:"视图"⇨"缩放"⇨"窗口";

●功能区:"视图"选项卡"导航"面板"范围"中的"窗口缩放"按钮 ;

●命令行:ZOOM(或缩写 Z),选择"窗口(W)"选项,即输入"W"回车。

执行窗口缩放命令,可以在屏幕上拾取两个对角点以确定一个矩形窗口,之后系统将矩形范围内的图形放大至整个绘图区域。

在使用窗口缩放时,如果系统变量 REGENAUTO 设置为关闭状态,则与当前显示设置的界限相比,拾取区域显得过小。系统提示将重新生成图形,并询问是否继续下去,此时应回答"NO",并重新选择较大的窗口区域。

注意:当使用"窗口"缩放视图时,应尽量使所选矩形对角点与屏幕成一定比例,并非正方形。

(4)全部显示视图

全部显示图形可通过以下三种方式:

●下拉菜单:"视图"⇨"缩放"⇨"全部";

●功能区:"视图"选项卡"导航"面板"范围"中的"全部缩放"按钮 ;

●命令行:ZOOM(或缩写 Z),选择"全部(A)"选项,即输入"A"回车。

全部显示图形可显示整个图形中的所有对象。在平面视图中,它以图形界限或当前图形范围为显示边界。如果图形没有超出图形界限时,将显示图形界限(Limits)定义的区域;如果图形延伸到图形界限以外,则显示包含图形界限在内的所有图形范围。

(5)范围缩放视图

显示图形范围可通过以下四种方式：

● 下拉菜单："视图" ⇨ "缩放" ⇨ "范围"；

● 功能区："视图"选项卡"导航"面板"范围"中的"范围缩放"按钮 ；

● 命令行：ZOOM（或缩写 Z），选择"范围（E）"选项，即输入"E"回车；

● 滚动鼠标滚轮。

显示图形范围可在屏幕上所有图形尽可能大地显示，与全部缩放模式不同的是，范围缩放使用的边界只是图形范围而不是图形界限。

注意：使用"全部缩放"（Z→A）和"范围缩放"（Z→E）命令都可以解决无法看全整个图形的问题。

二、图形的平移显示

使用平移视图命令，可以重新定位观察图形，以便看清图形的其他部分。此时不会改变图形中对象的位置或比例，只改变可视区域。

1. 实时平移

执行实时平移可通过以下四种方式：

● 下拉菜单："视图" ⇨ "平移" ⇨ "实时"，如图 3-51 所示；

● 功能区："视图"选项卡"导航"面板子图标菜单"实时平移" 按钮；

● 命令行：PAN（或 P）；

● 按下鼠标滚轮并移动鼠标。

执行实时平移命令，此时光标指针变成一只小手，按住鼠标左键拖动，窗口内的图形就可按光标移动的方向移动。释放鼠标，可返回到平移等待状态。退出实时平移模式可按"Esc"键或"Enter"键，也可以右击打开实时缩放和平移快捷菜单，选择退出或切换其他显示模式。

图 3-51　"平移"子菜单中的命令

2. 定点平移

选择下拉菜单："视图" ⇨ "平移" ⇨ "点"命令，可以通过指定基点和位移值来平移视图。

注意：在 AutoCAD 2014 中，"平移"功能通常又称为摇镜，它相当于将一个镜头对准视图，当镜头移动时，视口中的图形也跟着移动。

三、重画与重生成图形

在绘图和编辑过程中，屏幕上常常留下对象的拾取标记，这些临时标记并不是图形中的对象，有时会使当前图形画面显得混乱；另外，有时候在刚刚打开一个已有图形文件时，该图形中的一些不连续线型往往显示为实线，圆或圆弧显示为一段一段的直线。这时就可以使用 AutoCAD 2014 的重画与重生成图形功能清除这些临时标记，或把不连续线型的实际情况显示出来，或把圆或圆弧显示为光滑的圆。

1. 重画图形

重画图形可通过以下两种方式：

●下拉菜单:"视图"⇨"重画";

●命令行:REDRAW 或 R。

在 AutoCAD 2014 中,使用"重画"(Redraw)命令,系统将在显示内存中更新屏幕,消除临时标记,使用重画命令可以更新用户使用的当前视区。

2. 重生成图形

重生成图形可通过以下两种方式:

●下拉菜单:"视图"⇨"重生成";

●命令行:REGEN 或 RE。

执行该命令时系统从磁盘中调用当前图形的数据,重新生成全部图形并在屏幕上显示出来。"重生成"命令比"重画"命令执行速度慢,更新屏幕花费时间较长。在 AutoCAD 2014 中,某些操作只有在使用"重生成"命令后才生效,如果一直使用某个命令修改编辑图形,但该图形似乎看不出发生什么变化,此时可使用"重生成"命令更新屏幕显示。

注意:使用"重生成"命令可以解决图形显示无法缩放或使用 pan 命令无法移动的问题。

上 机 实 训

实训一 按要求设置图层

1. 目的要求

按表 3-2 要求设置图层。

表 3-2 图层设置

图层名	颜 色	线 型	线 宽
粗实线	白色	Continous	0.5 mm
中实线	绿色	Continous	0.25 mm
细实线	洋红色	Continous	0.13 mm
虚线	红色	HIDDEN	0.13 mm
点画线	蓝色	CENTER	0.13 mm
文字	绿色	Continous	0.13 mm
标注	青色	Continous	0.13 mm

设置图层后,进行以下练习:

(1)在相应的图层上绘制图 3-52 所示图形,不标注尺寸。

(2)把某一图层上的图形转换到另一图层上。

(3)调整线型比例,观察虚线、点画线的变化。

(4)选择某一图层,将其状态分别设置为"关闭"或"锁定"或"冻结",然后对其上的图形进行编辑或在该图层绘图,观察命令的执行情况。

2. 操作提示

(1)使用"图层特性管理器"设置表 3-2 所示图层。

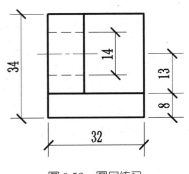

图 3-52 图层练习

(2)利用绘图命令在不同的图层上绘制图形。

(3)利用下拉菜单⇨"格式"⇨"线型"菜单选项调整非连续线型的线型比例。

实训二　利用对象捕捉功能绘制图 3-53 所示图形

1. 目的要求

利用对象捕捉精确绘制图 3-53 所示图形(大圆直径 20,AB 长 32),通过本实训掌握捕捉对象上特殊点的方法。

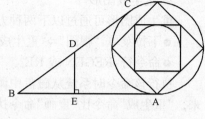

图 3-53　绘图练习

2. 操作提示

(1)绘制圆。

(2)利用 line 或 Rectang 命令绘制圆内接正方形,正方形四个顶点在圆的象限点上。

(3)把大正方形四边中点连线,绘出小正方形。

(4)利用 Arc 命令绘制小正方形内的圆弧,圆弧的两端点及中点分别在小正方形 3 个边的中点。

(5)过 A 点绘制水平直线 AB,再绘制直线 BC 与圆相切,D 为 BC 的中点,DE⊥AB。

实训三　利用极轴功能绘制图 3-54 所示图形

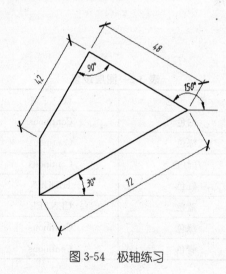

图 3-54　极轴练习

1. 目的要求

利用极轴追踪功能绘制图 3-54 所示图形。

2. 操作提示

(1)启用极轴追踪。

(2)设置角增量为 30°。

(3)利用 line 命令绘图。

(4)极轴角测量分别利用"绝对"和"相对于上一段"。

第四章 二维图形的编辑

在绘制复杂图形时,只使用绘图命令或绘图工具往往效率很低,借助于图形编辑命令对已有的图形进行修改、移动、复制和删除等操作将极大地提高绘图效率。编辑命令与绘图命令配合使用,可以进一步完成复杂图形的绘制工作,减少重复性的工作。因此,用户熟练掌握和使用编辑命令合理地构造和组织图形,可简化绘图操作,极大地提高绘图效率。

本章将详细介绍二维图形的编辑方法,主要内容包括:选择对象、对象及其特性的编辑方法等。

第一节 选 择 对 象

当用户执行某编辑命令时,命令行会提示:

选择对象:

此时需要用户从屏幕上选择要进行编辑的对象(屏幕上的十字光标变成了一个小方框,即拾取框),在 AutoCAD 中系统提供了多种选择对象的方法,但并不在任何菜单或工具栏中显示其选择方法。如要显示选择对象的方法,则在"选择对象:"提示下输入"?"后按 Enter 键,命令行显示如下:

需要点或窗口(W)/上一个(L)/窗交(C)/框(BOX)/全部(ALL)/栏选(F)/圈围(WP)/圈交(CP)/编组(G)/添加(A)/删除(R)/多个(M)/前一个(P)/放弃(U)/自动(AU)/单个(SI)/子对象(SU)/对象(O)

选择对象:

此时用户可以根据需要选择合适的方法,在"选择对象:"的提示下直接选择对象或输入一个选项后再根据提示进行选择。下面介绍几种常用的对象选择方法:

1. 点选择

"点"选是选择对象缺省的选择方式。用户用拾取框直接选择一个对象,被选中的对象将以虚线显示,如果需要选择多个图形对象,可以不断单击需要选择的图形对象,且命令行"选择对象:"提示重复出现,直到按"Enter"键确认选择为止。

2. 窗口选择

如果用户需要一次选择多个对象时,利用窗口选择可以选取一个矩形区域中完全被包含到该矩形框中的一些对象。即在要选取的多个图形对象的左上角或左下角单击,向右下角或右上角方向拖动鼠标,此时系统将显示一个实线矩形框,当该矩形框将需要选择的对象包围后,单击鼠标,则包围在该矩形框中的所有对象被选中,如图 4-1 所示 矩形和圆两对象被选中,两直线没被选中。

3. 窗交选择

窗交选择与窗口选择类似,均是利用一矩形窗口选择对象。不同之处为窗交选择不仅选中了所有矩形窗口内的对象,也能选中所有与矩形窗口边框相交的对象。即在要选取的多个图形对象的右上角或右下角单击,向左下角或左上角方向拖动鼠标,此时系统将显示一个虚矩形窗口,当该虚矩形窗口将需要选择的对象包围和相交后,单击鼠标,则该虚矩形窗口包围和相交的所有对象均被选中,如图 4-2 所示,不仅矩形和圆被选中,两直线也被选中。

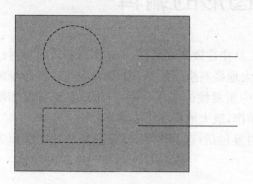
图 4-1 窗口选择

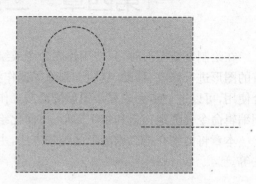
图 4-2 窗交选择

4. 全部选择

"全部"选择适用于用户选择图形文件中的所有对象。在"选择对象:"提示下输入"all"回车后即可选择全部对象。

注意:全部选择可以选中关闭图层里的对象。

5. 栏选择

"栏"选择可以使用户非常容易地在复杂图形中选择非相邻对象。所谓栏选是一条多段折线,凡与多段折线相交的对象均被选中。在"选择对象:"提示下输入"f"后回车,出现如下提示:

指定第一个栏选点:(指定折线第一点)

指定下一个栏选点或 [放弃(U)]:(指定折线第二点)

指定下一个栏选点或 [放弃(U)]:(指定折线第三点)

……

指定下一个栏选点或 [放弃(U)]:(回车结束)

执行结果圆、矩形和一条直线被选中,如图 4-3 所示。

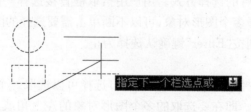
图 4-3 使用"栏"选择对象

6. 删除选择

"删除"选择可以从被选择的对象中清除对象。"选择对象:"提示总是处于添加状态,当在"选择对象:"提示后键入"r"回车后,命令行提示将变为:

删除对象：

此时可以用任何选择方法选择要清除的对象。

另外,按住 Shift 键单击被选中的某对象,也可以从被选中的对象中清除该对象,该对象由虚线显示变为正常显示状态。

第二节　删　除　对　象

在绘图过程中,有时需要删除先前绘制的一些图形,利用 AutoCAD 的"删除"命令可以很方便地实现上述要求。

1. 激活"删除"命令的方式

●命令行：ERASE。

●下拉菜单："修改"➡"删除"。

●功能区："常用"选项卡"修改"面板"删除" 按钮。

如果在删除操作之前选中了某个对象或某些对象,则使用以上三种激活方式的任何一种可直接删除当前选择集中的所有对象(也可直接按 Delete 键)。如果事先没选择对象,则激活 Erase 命令后,命令行提示：

命令：_erase

选择对象：

2. 选择对象

选择需要删除的对象,然后在"选择对象："提示下按回车键结束选择,选中的对象被删除,命令同时终止。

第三节　调整对象位置

在绘图时,对于那些不改变图形形状而只改变图形位置的对象,可以使用移动命令进行调整,有时候还需要把图形旋转一个角度则可以使用旋转命令进行调整。

一、移动对象

移动对象是将对象位置平移,而不改变对象的大小和方向。

1. 激活"移动"命令的方式

●命令行：MOVE。

●下拉菜单："修改"➡"移动"。

●功能区："常用"选项卡"修改"面板"移动" 按钮。

2."移动"命令执行过程

如图 4-4 所示,利用移动命令移动图 4-4(a)中的圆,使其圆心过两中心线的交点。

命令：_move

选择对象：(选择如图 4-4(a)中要移动的圆对象)

选择对象：(回车结束选择)

指定基点或［位移(D)］＜位移＞：(捕捉如图 4-4(a)所示的圆心)

指定第二个点或＜使用第一个点作为位移＞:(捕捉如图 4-4(b)所示的交点作为位移的第二点,完成对象移动)。

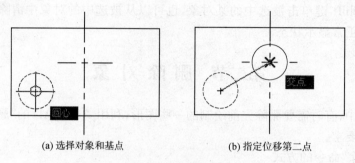

(a) 选择对象和基点   (b) 指定位移第二点

图 4-4   移动对象

注意:在"指定基点"和"指定第二个点"时,也可以通过输入点的坐标值来确定。

二、旋转对象

用户可以通过选择一个基点和一个相对的或绝对的旋转角来旋转对象。如果用户指定一个相对角度,则将对象从当前的位置绕基点旋转指定的相对角度。如果用户指定一个绝对角度,则将对象从当前的角度绕基点旋转到指定的绝对角度。

1. 激活"旋转"命令的方式

●命令行:ROTATE。

●下拉菜单:"修改"⇨"旋转"。

●功能区:"常用"选项卡"修改"面板"旋转" ⟳ 按钮。

2."旋转"命令执行过程

如图 4-5 所示,利用旋转命令旋转某房屋的平面图。

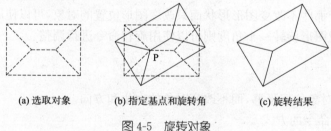

(a) 选取对象   (b) 指定基点和旋转角   (c) 旋转结果

图 4-5   旋转对象

命令:_rotate

UCS 当前的正角方向:ANGDIR＝逆时针   ANGBASE＝0

选择对象:(选择要旋转的对象)

选择对象:(回车结束选择)

指定基点:(指定图 4-5(b)所示的旋转基点 P)

指定旋转角度,或[复制(C)/参照(R)]＜0＞:(指定旋转角度如 30,或其他选项 C 或 R)

注意:旋转角有正负之分,逆时针为正值,顺时针为负值。

3. 选项说明

（1）复制（C）：选择该选项，在旋转对象的同时，保留原对象。

（2）参照（R）：当用户不能直接确定对象应旋转多少角度，但是知道旋转后的绝对角度时，可以采用参照旋转的方式。下面以图 4-6 为例说明使用参照进行旋转的方法，操作如下：

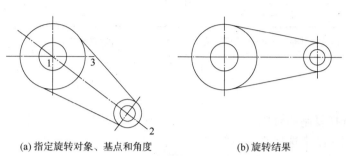

（a）指定旋转对象、基点和角度　　　　（b）旋转结果

图 4-6　用参照方式旋转对象

命令：_rotate

UCS 当前的正角方向：ANGDIR＝逆时针　ANGBASE＝0

选择对象：（选择要旋转的对象）

选择对象：（回车结束选择）

指定基点：（指定图 4-6 所示的旋转基点 1）

指定旋转角度，或［复制（C）/参照（R）］＜0＞：（键入 R 回车）

指定参照角＜0＞：（捕捉到点 1）

指定第二点：（捕捉到点 2，点 1 和 2 形成直线的方向角就是参照角）

指定新角度或［点（P）］＜0＞：（捕捉到点 3（或键入 0 回车），点 1 和 3 形成直线的方向角就是新角度，完成对象旋转）

第四节　利用已有对象创建新对象

在绘图过程中，对于那些在图形中重复出现的、形状相同的且位置不同或对称或排列有序的对象，可以在图形中利用已有对象以创建新对象。创建新对象的命令有：复制、镜像、阵列和偏移等。

一、复制对象

用户可在当前图形内一次复制或多重复制对象。使用复制命令，要选择需要复制的对象，再指定一个基点，然后根据相对基点的位置放置复制的对象。

1. 激活"复制"命令的方式

●命令行：COPY。

●下拉菜单："修改"⇨"复制"。

●功能区："常用"选项卡"修改"面板"复制"按钮。

2."复制"命令执行过程

如图 4-7 所示，利用复制命令复制图 4-7（a）中的圆，使其圆心分别过点 2 和点 3。

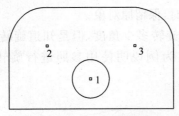
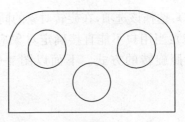

(a) 选择对象、指定基点和第二点　　　　　(b) 复制结果

图 4-7　复制对象

命令：_copy

选择对象：(选择复制的对象)

选择对象：(回车结束选择)

指定基点或［位移(D)］＜位移＞：(捕捉到圆心 1)

指定第二个点或＜使用第一个点作为位移＞：(捕捉到圆角的圆心 2)

指定第二个点或［退出(E)/放弃(U)］＜退出＞：(捕捉到圆角的圆心 3)

指定第二个点或［退出(E)/放弃(U)］＜退出＞：(回车结束命令)

二、利用剪贴板复制对象

当用户要使用另一个 AutoCAD 图形文件创建的对象时，可以将选择的对象复制到剪贴板，然后将它们从剪贴板粘贴到当前图形文件的图形中。

操作方法如下：

(1)在 AutoCAD 某一图形文件中选择要复制的对象。

(2)从"编辑"菜单中选择"复制"菜单项或按 Ctrl＋C 组合键。则将选中的对象复制到了剪贴板中。

(3)再打开另一个 AutoCAD 图形文件，并从"编辑"菜单中选择"粘贴"菜单项，或者按 Ctrl＋V 组合键。此时，在剪贴板中的对象就会被粘贴到当前图形文件的图形中。

三、镜像对象

在工程制图中，经常会遇到一些对称的图形，此时用户可以只绘制一半，然后采用镜像命令复制对称的另一半。镜像线可以用指定两点来确定，镜像操作时可以删除或者保留源对象。

1. 激活"镜像"命令的方式

●命令行：MIRROR。

●下拉菜单："修改"⇨"镜像"。

●功能区："常用"选项卡"修改"面板"镜像"  按钮。

2. "镜像"命令执行过程

如图 4-8 所示，利用镜像命令对称复制图 4-8(a)中的图形。

命令：_mirror

选择对象：(选择要镜像的对象)

选择对象：(回车结束选择)

指定镜像线的第一点：(指定镜像线的第一点 1)

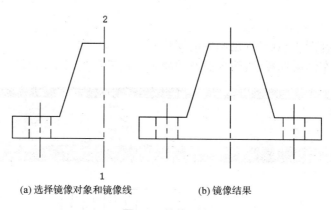

(a)选择镜像对象和镜像线　　　　　　(b)镜像结果

图 4-8　镜像对象

指定镜像线的第二点：(指定镜像线的第二点 2)

要删除源对象吗？［是(Y)/否(N)］<N>：(不删除源对象,回车接受默认选项)

当镜像文字时,为防止文字在镜像时被反转或倒置,可将系统变量 MIRRTEXT 设置为0,文字不作镜像处理；系统变量 MIRRTEXT 缺省值为 1,文字和其他的对象一样被镜像。镜像文字的效果如图 4-9 所示。

MIRRTEXT=1　　　　　　MIRRTEXT=0

图 4-9　镜像文字的效果

MIRRTEXT 只对 TEXT、DTEXT、MTEXT 命令产生的文本、属性定义以及变量属性有效。插入块内的文本和常量属性会当作整个块被镜像的。这些对象不管 MIRRTEXT 的设置都会被倒置。

四、阵列对象

在工程制图中,要绘制按规律分布的相同图形,用户可以使用阵列命令复制对象。阵列分为矩形阵列、路径阵列和环形阵列三类。

1. 矩形阵列

矩形阵列是按照行列方阵的方式进行复制的,用户需要确定阵列的行数、列数以及行间距、列间距。

(1)激活“矩形阵列”命令的方式

●命令行：ARRAYRECT。

●下拉菜单：“修改”⇨“阵列”⇨“矩形阵列”。

●功能区：“常用”选项卡“修改”面板“阵列下拉列”表中“矩形阵列”按钮。

(2)“矩形阵列”命令执行过程

单击功能区“修改”面板中的图标,命令行提示：

命令：_arrayrect

选择对象：(选择图 4-11(a)中已画好的窗户)

选择对象：(回车结束选择,绘图界面及功能区面板显示为图 4-10 所示)

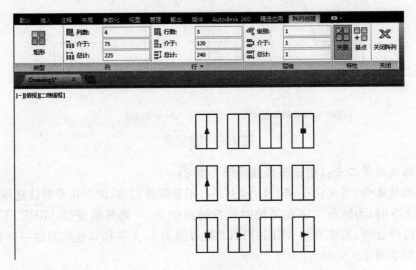

图 4-10　矩形阵列过程

在"阵列创建"选项卡中,将列数 4 改为 5,将列间距 75 改为 80,将行间距 120 改为 130。此时命令行提示：

选择夹点以编辑阵列或[关联(AS)/基点(B)/计数(COU)/间距(S)/列数(COL)/行数(R)/层数(L)/退出(X)]<退出>：选择夹点以编辑阵列或[关联(AS)/基点(B)/计数(COU)/间距(S)/列数(COL)/行数(R)/层数(L)/退出(X)]<退出>：(回车确定,阵列结果如图 4-11(b)所示)

注意：当输入列间距为负值时,列从右向左阵列；当输入行间距为负值时,行从上向下阵列。

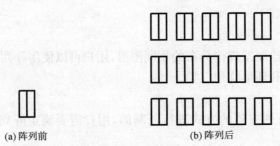

(a)阵列前　　　　　　　　　　(b)阵列后

图 4-11　矩形阵列

2. 路径阵列

路径阵列是沿着一条路径均匀地分布对象副本的一种阵列。

(1)激活"路径阵列命令"的方式

●命令行：ARRAYPATH。

●下拉菜单："修改"⇨"阵列"⇨"路径阵列"。

●功能区："常用"选项卡"修改"面板"阵列下拉列表"中"路径阵列" 按钮。

(2)"路径阵列"命令执行过程

执行路径阵列命令后,命令行提示如下:

命令:_arraypath

选择对象:(选择图 4-13 中已画好的圆)

选择对象:(回车结束选择)

类型＝路径　关联＝是

选择路径曲线:(选择图 4-13 中的曲线,绘图界面及功能区面板显示为图 4-12 所示)

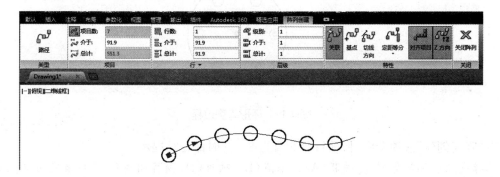

图 4-12　路径阵列过程

在"阵列创建"选项卡中,将阵列对象间距 91.9 改为 120。此时命令行提示:

选择夹点以编辑阵列或[关联(AS)/方法(M)/基点(B)/切向(T)/项目(I)/行(R)/层(L)/对齐项目(A)/Z 方向(Z)/退出(X)]<退出>:(回车确定,阵列结果如图 4-13(b)所示)

(a)阵列前　　　　　　　　　　　　　　　　(b)阵列后

图 4-13　路径阵列结果

3. 环形阵列

环形阵列是将所选对象按圆周等距复制,用户需要确定阵列的圆心和个数以及阵列图形所对应的圆心角。

(1)激活"环形阵列"命令的方式

●命令行:ARRAYPOLAR。

●下拉菜单:"修改"➪"阵列"➪"环形阵列"。

●功能区："常用"选项卡"修改"面板"阵列下拉列表"中"环形阵列" 按钮。

(2)"环形阵列"命令执行过程

执行环形阵列命令后,命令行提示如下:

命令:_arraypolar

选择对象:(选择图 4-15(a)中的正六边形)

选择对象:(回车结束选择)

类型＝极轴　关联＝是

指定阵列的中心点或[基点(B)/旋转轴(A)]:（拾取图 4-15(a)所示的大圆中心点后,绘图界面及功能区面板显示为图 4-14 所示。）

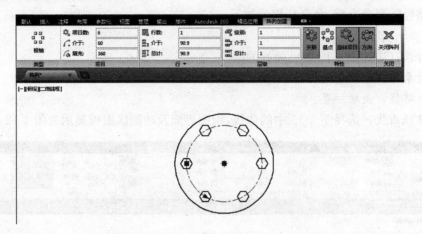

图 4-14　环形阵列过程

在"阵列创建"选项卡中,将项目数 6 改为 8。此时命令行提示:

选择夹点以编辑阵列或[关联(AS)/基点(B)/项目(I)/项目间角度(A)/填充角度(F)/行(ROW)/层(L)/旋转项目(ROT)/退出(X)]<退出>:（回车确定,阵列结果如图 4-15(b)所示）

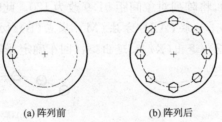

(a) 阵列前　　　　　(b) 阵列后

图 4-15　环形阵列

注意:"填充"若输入正角度,则按逆时针排列元素;反之,则按顺时针排列元素。

五、偏移对象

偏移对象将创建一个与选定对象相似且等距的新对象。用户可以偏移直线、圆、圆弧和二维多段线等。

1. 激活"偏移"命令的方式

●命令行:OFFSET。

●下拉菜单:"修改"⇨"偏移"。

●功能区:"常用"选项卡"修改"面板"偏移" 按钮。

2. "偏移"命令执行过程

如图 4-16 所示偏移直线和圆。

命令:_offset

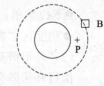

(a) 定距作平行线　　　　　(b) 定距作同心圆

图 4-16　偏移对象

当前设置:删除源=否　图层=源　OFFSETGAPTYPE=0

指定偏移距离或[通过(T)/删除(E)/图层(L)]<通过>:(输入偏移距离10)

选择要偏移的对象,或[退出(E)/放弃(U)]<退出>:(选择要偏移的直线A)

指定要偏移的那一侧上的点,或[退出(E)/多个(M)/放弃(U)]<退出>:(指定偏移到直线A右侧的任意一点S)

选择要偏移的对象,或[退出(E)/放(U)]<退出>:(选择要偏移的圆B)

指定要偏移的那一侧上的点,或[退出(E)/多个(M)/放弃(U)]<退出>:(指定偏移到圆B内侧的任意一点P)

选择要偏移的对象,或[退出(E)/放弃(U)]<退出>:(若要偏移另一对象,则继续选择另一个要偏移的对象,否则按回车键结束命令)

注意:执行偏移命令时,出现"指定偏移距离或[通过(T)/删除(E)/图层(L)]<通过>:"的提示,选项中"通过(T)"是指当选择此选项后,产生的新的偏移对象将通过拾取点;选项中"删除(E)"是指偏移后,是否删除源偏移对象;选项中"图层(L)"是指偏移后,产生的新的偏移对象位于当前层还是与源对象在同一图层。

第五节　调整对象尺寸

在绘图过程中,可以对已有对象调整其尺寸大小,此类命令有:缩放、拉伸、延伸和修剪。

一、缩放对象

缩放命令只能在图形长、宽方向以相同比例缩放对象,可以将选中对象以指定点为基点进行比例缩放对象。比例缩放可以分为比例因子缩放和参照缩放两类。

1. 激活"缩放"命令的方式

●命令行:SCALE。

●下拉菜单:"修改"⇨"缩放"。

●功能区:"常用"选项卡"修改"面板"缩放" 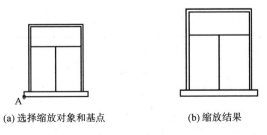 按钮。

2."缩放"命令执行过程

(1)比例缩放

缩放如图4-17所示的窗户,执行缩放命令后命令行提示、操作如下:

(a)选择缩放对象和基点　　　　　(b)缩放结果

图4-17　缩放对象

命令:_scale

选择对象:(选择缩放的整个窗户)

选择对象：（回车结束选择）

指定基点：（指定图形左下角点 A，该点缩放时不动）

指定比例因子或［复制（C）/参照（R）］＜1.0000＞：（键入比例 1.2，回车结束命令。若先选择选项 C，再键入比例因子，则源对象保留）

（2）参照缩放

在用户不能直接确定缩放比例值，但知道缩放后对象的尺寸时，可以利用参照缩放。其实缩放后的对象尺寸与原尺寸之比就是缩放比例因子。下面说明其用法，执行缩放命令后命令行提示、操作如下：

命令：_scale

选择对象：（选择缩放的对象）

选择对象：（回车结束选择）

指定基点：（捕捉某点作为缩放的基点）

指定比例因子或［复制（C）/参照（R）］＜1.0000＞：（输入"R"后回车执行参照缩放）

指定参照长度＜1.0000＞：（捕捉某直线段的两个端点，该两点之间的长度就是参照长度）

指定新长度或［点（P）＜1.0000＞：（输入该直线段缩放后的新长度，回车完成操作）

二、拉伸对象

拉伸对象必须使用交叉窗口或交叉多边形窗口选择对象，根据图形对象在窗口的位置，移动全部位于窗口之内的对象，而拉长或拉短与窗口边界相交的对象，而不会影响其他未选择的对象。

1. 激活"拉伸"命令的方式

●命令行：STRETCH。

●下列菜单："修改"⇨"拉伸"。

●功能区："常用"选项卡"修改"面板"拉伸" 按钮。

2."拉伸"命令执行过程

如图 4-18 所示，利用拉伸命令修改图 4-18(a)平面图形中间凹槽的深度。

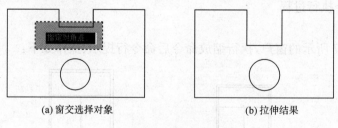

(a) 窗交选择对象   (b) 拉伸结果

图 4-18 拉伸对象

命令：_stretch

以交叉窗口或交叉多边形选择要拉伸的对象...

选择对象：（用交叉窗口选择要拉伸对象，如图 4-18(a)所示，且长度需改变的线段必须与窗口边界相交。完全在窗口内的对象长度不变、只改变了位置）

选择对象：（回车结束选择）

指定基点或［位移（D）］＜位移＞:（在屏幕上任意指定一点）

指定第二个点或＜使用第一个点作为位移＞:（打开"正交"，将光标竖直向下移动，然后输入 5，回车结束命令）

执行结果如图 4-18（b）所示，中间凹槽的深度增加了 5 个单位长。

三、拉长对象

拉长对象是指修改直线或圆弧的长度。

1. 激活"拉长"命令的方式

●命令行:LENGTHEN。

●下拉菜单:"修改"➪"拉长"。

●功能区:"常用"选项卡"修改"面板"拉长" ⟋ 按钮。

2. "拉长"命令执行过程

利用拉长命令修改直线的长度，命令行提示与操作如下:

命令:_lengthen

选择对象或［增量（DE）/百分数（P）/全部（T）/动态（DY）］:（选择某直线对象）

当前长度:80.0000（默认情况下，系统会自动显示出当前选中对象的长度或圆心角等信息）

选择对象或［增量（DE）/百分数（P）/全部（T）/动态（DY）］:（输入增量选项"de"回车）

输入长度增量或［角度（A）］＜20.0000＞:（输入长度增量"30"回车）

选择要修改的对象或［放弃（U）］:（用拾取框单击对象的修改端）

选择要修改的对象或［放弃（U）］:（此提示一直重复，直到按回车键结束命令）

3. 各选项的功能说明

（1）增量（DE）选项:以增量方式修改直线或圆弧的长度。长度增量为正值时拉长，长度增量为负值时缩短。其中角度（A）选项是通过指定圆弧的圆心角增量来修改圆弧的长度。

（2）百分数（P）选项:以相对于原长度的百分比来修改直线或圆弧的长度。

（3）全部（T）选项:以给定直线新的总长度或圆弧新的圆心角来改变长度。

（4）动态（DY）选项:允许动态地改变圆弧或直线的长度。

四、延伸对象

延伸是以用户指定的对象为边界，延伸某对象与之精确相交。

1. 激活"延伸"命令的方式

●命令行:EXTEND。

●下拉菜单:"修改"➪"延伸"。

●功能区:"常用"选项卡"修改"面板"延伸" ⟋ 按钮。

2. "延伸"命令执行过程

如图 4-19 所示，利用延伸命令将图 4-19（a）中的两条直线延伸到与圆弧相交。

命令:_extend

当前设置:投影＝UCS，边＝不延伸

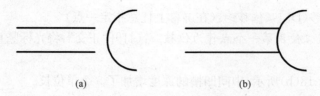

图 4-19　延伸对象

选择边界的边…

选择对象或＜全部选择＞:(选择延伸对象的边界,如图 4-19(a)中的圆弧。若直接回车则选中全部对象作为延伸边界)

选择对象:(回车结束边界选择)

选择要延伸的对象,或按住 Shift 键选择要修剪的对象,或[栏选(F)/窗交(C)/投影(P)/边(E)/放弃(U)]:(分别选择两需延伸直线的右端)

选择要延伸的对象,或按住 Shift 键选择要修剪的对象,或[栏选(F)/窗交(C)/投影(P)/边(E)/放弃(U)]:(按回车键结束延伸命令)

注意:在出现"选择要延伸的对象,或按住 Shift 键选择要修剪的对象,或[栏选(F)/窗交(C)/投影(P)/边(E)/放弃(U)]:"的提示时,用户可以直接选择延伸对象或按住 Shift 键切换到修剪方式或设置选项。选项中的"边(E)"包括"延伸"和"不延伸",选择"延伸"是指边界可延伸,此时如选中图 4-20(a)中的直线 AB 为延伸边界,选中被延伸的直线 CD 和 EF 可延伸至边界 AB 的延长线上,结果见图 4-20(b)。反之,"不延伸"是指被延伸的对象不能延伸至边界的延长线上。

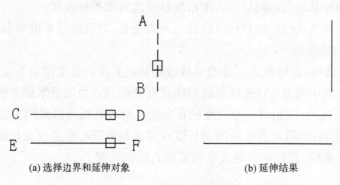

(a) 选择边界和延伸对象　　　　　　　(b) 延伸结果

图 4-20　延伸边界的延伸

五、修剪对象

修剪是以用户指定的对象为剪切边,保留线段剪切边的一侧,去掉线段剪切边的另一侧。其用法与延伸命令类似。

1. 激活"修剪"命令的方式

●命令行:TRIM。

●下拉菜单:"修改"⇨"修剪"。

●功能区:"常用"选项卡"修改"面板"修剪" 按钮。

2."修剪"命令执行过程

如图 4-21 所示,利用修剪命令修改图 4-21(a)中的平面图形。

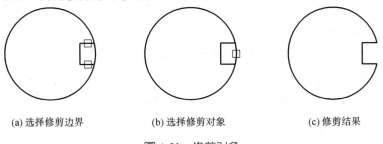

(a) 选择修剪边界　　　　　(b) 选择修剪对象　　　　　(c) 修剪结果

图 4-21　修剪对象

命令:_trim

当前设置:投影＝UCS,边＝不延伸

选择剪切边…

选择对象或＜全部选择＞:(选择修剪对象的边界,如图 4-21(a)中的两条水平直线)

选择对象:(回车结束边界选择)

选择要修剪的对象,或按住 Shift 键选择要延伸的对象,或[栏选(F)/窗交(C)/投影(P)/边(E)/删除(R)/放弃(U)]:(选择想要修剪掉对象的部分,如图 4-21(b)中的两条水平直线间的圆弧线)

选择要修剪的对象,或按住 Shift 键选择要延伸的对象,或[栏选(F)/窗交(C)/投影(P)/边(E)/删除(R)/放弃(U)]:(按回车键结束修剪命令)

注意:在出现"选择要修剪的对象,或按住 Shift 键选择要延伸的对象,或[栏选(F)/窗交(C)/投影(P)/边(E)/放弃(U)]:"的提示时,用户可以直接选择修剪对象或按住 Shift 键切换到延伸方式或设置选项。选项中的"边(E)"包括"延伸"和"不延伸",选择"延伸"是指边界可延伸,此时如选中图 4-22(a)中的直线作为修剪边界,选中图 4-22(b)中的被修剪的两条直线即可修剪掉边界的延长线的上侧两直线段,结果见图 4-22(c)。反之,"不延伸"是指被修剪的对象不能修剪掉边界延长线一侧的对象。

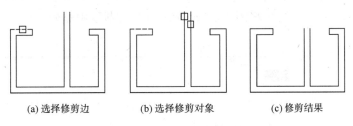

(a) 选择修剪边　　　　　(b) 选择修剪对象　　　　　(c) 修剪结果

图 4-22　延伸边界的修剪

第六节　打断、分解与合并对象

一、打断对象

用户可以用打断命令去掉对象其中的一段。可以进行打断操作的对象包括直线、圆、圆弧、多段线、椭圆、样条曲线等。

1. 激活"打断"命令的方式

●命令行：BREAK。

●下拉菜单："修改"⇨"打断"。

●功能区："常用"选项卡"修改"面板"打断"□按钮。

2. "打断"命令执行过程

如图 4-23 所示，利用打断命令去掉直线中的一段。

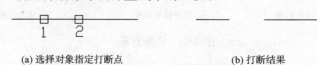

(a) 选择对象指定打断点　　　　　　　　　(b) 打断结果

图 4-23　打断对象

命令：_break

选择对象：(选择打断对象，缺省条件下，选择对象的点 1 即为第一个断点)

指定第二个打断点或[第一点(F)]：(指定点 2 为第二个断点。若在选择对象时的点不为第一个断点，则可输入"F"选项，重新指定第一个断点。)

打断对象的效果如图 4-23(b)所示。

注意：在封闭的对象上进行打断时，按逆时针方向从用户指定的第一点到用户指定的第二点为去掉的一段。

二、打断于点

打断于点是指用户在对象上指定一点，从而把对象在此点拆分成两段。此命令与打断命令用法类似。

1. 激活"打断于点"命令的方式

●功能区："常用"选项卡"修改"面板"打断于点"□按钮。

2. "打断于点"命令执行过程

如图 4-24 所示，利用此命令将图 4-24(a)所示直线打断于中点处。

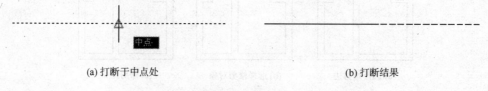

(a) 打断于中点处　　　　　　　　　(b) 打断结果

图 4-24　打断于点

命令：_break

选择对象：(选择要打断的直线对象)

指定第二个打断点或[第一点(F)]：_f(系统自动执行"第一点(F)"选项)

指定第一个打断点：(捕捉到打断点直线的中点)

指定第二个打断点：@(系统自动忽略此提示并结束命令，于是该直线从中点处分成两段如图 4-24(b)所示)

注意：不能在一点打断闭合的对象，例如圆。

三、分解对象

分解命令就是把一个复杂的图形对象(例如,多段线、矩形和正多边形)或用户定义的图块分解成最为简单的图形对象。

1. 激活"分解"命令的方式

●命令行:EXPLODE。

●下拉菜单:"修改"⇨"分解"。

●功能区:"常用"选项卡"修改"面板"分解" 按钮。

2. "分解"命令执行过程

命令:_explode

选择对象:(选择要分解的对象)

选择对象:(系统将继续提示该行信息,可继续选择下一分解的对象,按回车键结束命令)

3. 说明

选择分解的对象不同,分解的结果就不同。下面列出了几种对象的分解结果。

(1)块。对块的分解操作,如果块中含有多段线或嵌套块,首先把多段线或嵌套块从该块中分解出来,然后再利用"分解"命令把它们分解成单个对象。若分解带有属性的块,所有属性会恢复到未组合之前的状态,显示为属性标记。若分解以 X、Y、Z 方向不同的比例缩放插入的块时可能会出现意想不到的结果。

(2)多段线。当分解多段线时,AutoCAD 将清除关联的宽度信息,留下沿多段线的中心线的直线或圆弧。

(3)多行文本。当分解多行文本时将分解成单行文本实体。

注意:使用分解命令时,请三思而后行,分解命令没有逆向操作,特别是图案填充、尺寸标注和三维实体要慎用。

四、合并对象

合并对象是指将同类多个对象合并成为一个对象,即将位于同一条直线上的多条直线合并为一条直线,或将同心、同径的多个圆弧合并为一个圆弧或整圆,或将一条多段线和与其相连的多条直线、多段线、圆弧合并为一个对象,或将一条样条曲线和与其相连的多条样条曲线合并为一个对象。

1. 激活"合并"命令的方式

●命令行:JOIN。

●下拉菜单:"修改"⇨"合并"。

●功能区:"常用"选项卡"修改"面板"合并" 按钮。

2. "合并"命令执行过程

如图 4-25 所示,将两段同心、同径的圆弧合并为一段圆弧。

命令:_join

选择源对象:(选择圆弧 A)

(a) 合并前　　　　　　　　　(b) 合并后

图 4-25　合并对象

选择圆弧,以合并到源或进行[闭合(L)]:(选择圆弧 B,并回车)

选择要合并到源的圆弧:(回车结束命令)

注意:合并两个或多个圆弧时,将从第一个对象开始按逆时针方向合并圆弧。

第七节　倒角和圆角

在设计过程中,往往需要对图形做一些细节上的处理,如机械行业制造工艺和装配工艺的要求等,需要作倒角和圆角。AutoCAD 通过指定倒角和圆角的参数绘制倒角和圆角。

一、倒　　角

倒角是使两不平行的直线作斜角相连。可以作倒角的有直线、多段线、构造线和射线等。

1. 倒角距离

如图 4-26 所示,倒角距离 1 是第一个选中对象与倒角线的交点到被连接的两个对象的交点之间的距离。倒角距离 2 是第二个选中对象与倒角线的交点到被连接的两个对象的交点之间的距离。

2. 指定倒角长度和角度

倒角长度是指第一个选择对象上倒角线的起始位置到被连接的两个对象的交点之间的距离;角度是指倒角线与第一个选择对象所形成的角度,如图 4-27 所示。

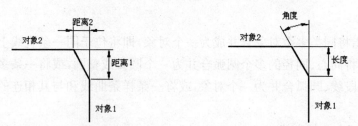

图 4-26　倒角距离　　　　　　　图 4-27　倒角长度和角度

3. 激活"倒角"命令的方式

●命令行:CHAMFER。

●下拉菜单:"修改"⇨"倒角"。

●功能区:"常用"选项卡"修改"面板"倒角"按钮。

4. "倒角"命令的执行过程

如图 4-28 所示,利用倒角命令将图 4-28(a)所示图形的左上角作倒角。

命令：_chamfer

（"修剪"模式）当前倒角距离 1＝0.0000，距离 2＝0.0000

选择第一条直线或［放弃（U）/多段线（P）/距离（D）/角度（A）/修剪（T）/方式（E）/多个（M）］:（键入 D 回车，设置倒角距离。若键入 A 回车，可设置倒角长度和角度）

指定第一个倒角距离＜0.0000＞:（键入 5 回车，设置第一倒角距离）

指定第二个倒角距离＜5.0000＞:（回车默认第一倒角距离）

选择第一条直线或［放弃（U）/多段线（P）/距离（D）/角度（A）/修剪（T）/方式（E）/多个（M）］:（选择要倒角的第一条直线 AB）。

选择第二条直线，或按住 Shift 键选择要应用角点的直线：（选择要倒角的第二条直线 BC，命令结束）

倒角的效果如图 4-28（b）所示。

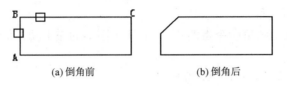

(a) 倒角前　　　　　　　　(b) 倒角后

图 4-28　倒角对象

5. 选项说明

在命令行提示"选择第一条直线或［放弃（U）/多段线（P）/距离（D）/角度（A）/修剪（T）/方式（E）/多个（M）］:"时，各选项说明如下。

(1)多段线（P）选项用于设定的倒角距离对整个多段线的各段一次性作倒角，如图 4-29 所示。

(a) 倒角前　　　　　　　　(b) 倒角后

图 4-29　多段线的倒角

(2)修剪（T）选项用于在倒角过程中设置是否自动修剪原对象，缺省条件下，对象在倒角时被修剪，如图 4-29 所示，但也可通过此选项来指定它们不被修剪，如图 4-30 所示。

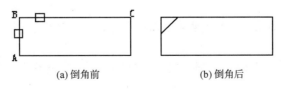

(a) 倒角前　　　　　　　　(b) 倒角后

图 4-30　不修剪倒角对象

(3)方式（E）选项用于设定按距离方式还是按角度方式作倒角。

(4)多个（M）选项用于在一次倒角命令执行中作出多个倒角，而不退出倒角命令。

二、圆　角

圆角是指通过用户指定半径的圆弧来光滑地连接两个对象。可以作圆角的对象有直线、圆、圆弧、椭圆、多段线的直线段、样条曲线、构造线和射线。并且当直线、构造线、和射线平行时,也可作圆角,此时连接圆弧成半圆。

圆角半径是连接两个对象的圆弧的半径。在缺省情况下,圆角半径为 0 或上一次用户指定的半径,修改半径只对以后圆角有效而对先前的圆角无效。

1. 激活"圆角"命令的方式

●命令行:FILLET。

●下拉菜单:"修改"⇨"圆角"。

●功能区:"常用"选项卡"修改"面板"圆角"按钮。

2."圆角"命令执行过程

如图 4-31 所示,利用圆角命令将图 4-31(a)所示图形的左上角作圆角。

命令:_fillet

当前设置:模式=修剪,半径=0.0000

选择第一个对象或[放弃(U)/多段线(P)/半径(R)/修剪(T)/多个(M)]:(输入 r 以指定圆角半径)

指定圆角半径<0.0000>:(键入 5,回车)

选择第一个对象或[放弃(U)/多段线(P)/半径(R)/修剪(T)/多个(M)]:(选择要作圆角的第一条直线 AB)

选择第二个对象,或按住 Shift 键选择要应用角点的对象:(选择要作圆角的第二条直线 BC,命令结束)

圆角的效果如图 4-31(b)所示。

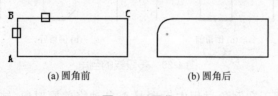

(a)圆角前　　　　　　　　(b)圆角后

图 4-31　圆角

3. 选项说明

在命令行提示"选择第一个对象或[放弃(U)/多段线(P)/半径(R)/修剪(T)/多个(M)]:"时,各选项说明如下:

(1)多段线(P)选项用于设定的圆角半径对整个多段线的各段一次性作圆角,如图 4-32(b)所示。

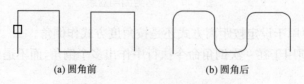

(a)圆角前　　　　　　　　(b)圆角后

图 4-32　多段线的圆角

（2）修剪（T）选项用于在圆角过程中设置是否自动修剪原对象，缺省条件下，除了圆、椭圆、闭合多段线和样条曲线，所有对象在圆角时都可以被修剪。可以用此选项来指定对象在作圆角时不被修剪，如图 4-33 所示。

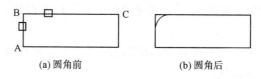

(a) 圆角前　　　　　　　　(b) 圆角后

图 4-33　不修剪圆角对象

（3）多个（M）选项用于在一次圆角命令执行中作出多个圆角，而不退出圆角命令。

4. 对两平行直线倒圆角

对于两平行的直线（射线和构造线）也能倒圆角，但两平行的多段线不能倒圆角。两平行直线圆角的半径由系统自动计算，用户不用指定。例如要画一圆端图形，可以首先利用直线命令画两平行直线，然后执行圆角命令，分别选择两平行线的左端倒圆角，再分别选择两平行线的右端倒圆角，如图 4-34 所示。

(a) 选择平行线的左端进行左圆角　　　　(b) 两次圆角的结果

图 4-34　两平行线倒圆角

第八节　编辑多段线、多线和样条曲线

一、编辑多段线

用户在编辑多段线时可以使其闭合或者打开，可以移动、增加和删除多段线的顶点，也可以在两个顶点之间拉直多段线，还可以为整个多段线设置统一的宽度或控制每个线段的宽度，以及由多段线创建样条曲线。

1. 激活编辑多段线的方式

● 命令行：PEDIT。

● 下拉菜单："修改"⇨"对象"⇨"多段线"。

● 功能区："常用"选项卡"修改"面板"多段线编辑" 按钮。

2. 编辑多段线命令的执行过程

命令：_pedit

选择多段线或［多条（M）］:（选择要编辑的一条多段线）

输入选项

［闭合（C）/合并（J）/宽度（W）/编辑顶点（E）/拟合（F）/样条曲线（S）/非曲线化（D）/线型生成（L）/放弃（U）］:（输入选项进行修改）

......

[闭合(C)/合并(J)/宽度(W)/编辑顶点(E)/拟合(F)/样条曲线(S)/非曲线化(D)/线型生成(L)/放弃(U)]:(回车结束编辑)

各选项说明如下：

(1)闭合(C)或打开(O)。此选项用于创建闭合或打开的多段线。如果选择的多段线是闭合的,则此选项为"打开"。

(2)合并(J)。此选项用于当一条直线、圆弧或多段线和一条开放的多段线首尾相接时,把它们连接在一起构成一条多段线。

(3)宽度(W)。此选项用于为选定的多段线指定新的统一宽度。

(4)编辑顶点(E)。此选项可使用户在选定的顶点处执行移动、拉直、插入和打断等操作。

(5)拟合(F)。此选项使用圆弧来拟合选定的多段线,该曲线通过多段线各顶点,效果如图 4-35 所示。

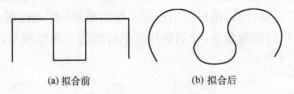

(a) 拟合前　　　　　　　　(b) 拟合后

图 4-35　拟合多段线

(6)样条曲线(S)。此选项用于将选定的多段线拟合为样条曲线,该曲线不通过多段线各顶点,效果如图 4-36 所示。

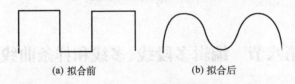

(a) 拟合前　　　　　　　　(b) 拟合后

图 4-36　样条拟合多段线

(7)非曲线化(D)。此选项用于将选定的多段线中的圆弧由直线代替;也可以删除由拟合或样条曲线插入的其他顶点,并拉直所有多段线线段。

(8)线型生成(L)。若多段线为非连续线型,此选项用于控制选定的多段线顶点非连续线段的交接。

3. 操作示例

编辑如图 4-37(a)所示多段线顶点。

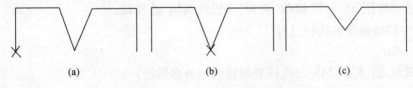

(a)　　　　　　　　(b)　　　　　　　　(c)

图 4-37　编辑多段线的顶点

(1)激活编辑多段线命令。

(2)选择多段线。

(3)在提示"[闭合(C)/合并(J)/宽度(W)/编辑顶点(E)/拟合(F)/样条曲线(S)/非曲线化(D)/线型生成(L)/放弃(U)]:"时输入"E"并回车,此时多段线第一个顶点处出现一个点标记"×"。

(4)在提示"[下一个(N)/上一个(P)/打断(B)/插入(I)/移动(M)/重生成(R)/拉直(S)/切向(T)/宽度(W)/退出(X)]:"时,按空格键将点标记移到中间顶点后,如图 4-37(b)所示,再输入"M"并回车。

(5)向中间顶点的正上方移动鼠标并单击,完成顶点的移动,如图 4-37(c)所示。

二、编辑多线

用户可以控制多线之间相交时的方式,增加或删除多线的顶点以及控制多线的打断接合。

1. 激活编辑多线命令的方式

●命令行:MLEDIT。

●下拉菜单:"修改"➪"对象"➪"多线…"。

激活该命令后,AutoCAD 弹出图 4-38 所示的"多线编辑工具"对话框。单击该对话框中样例图标就可编辑多线。

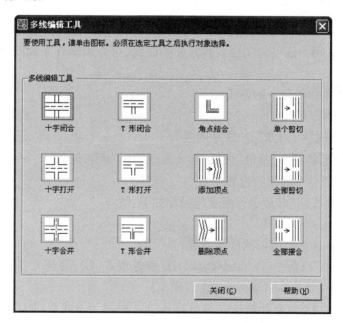

图 4-38 "多线编辑工具"对话框

2. 操作示例

编辑图 4-39(a)所示墙体的 T 形连接处。

(1)激活编辑多线命令

(2)在"多线编辑工具"对话框中单击"T 形打开"图标,这时,AutoCAD 切换到图形界面,并在命令行提示:

选择第一条多线:(必须先选择中间的横墙)

选择第二条多线:(后选择后墙)

选择第一条多线或[放弃(U)]:(再次选择中间的横墙)

选择第二条多线:(选择前墙)

选择第一条多线或[放弃(U)]:(回车结束命令)

编辑结果如图 4-39(b)所示。

如果在前墙开门洞,则可以使用修剪命令将墙体断开,修剪结果如图 4-36(b)所示。

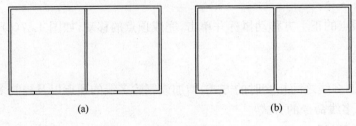

(a)   (b)

图 4-39 多线编辑墙体连接处

注意:多线对象不能用"打断"命令打断。

三、编辑样条曲线

用户可以删除样条曲线的拟合点,也可以增加其拟合点以提高精度,或者移动拟合点以改变样条曲线的形状。用户还可以闭合或打开样条曲线,可以编辑样条曲线的起始点和终点的切线方向等。

1. 激活编辑样条曲线命令的方式

●命令行:SPLINEDIT。

●下拉菜单:"修改"⇨"对象"⇨"样条曲线"。

●功能区:"常用"选项卡"修改"面板"样条曲线编辑" 按钮。

2. 编辑样条曲线命令的执行过程

例如将某样条曲线闭合,命令行提示与操作如下:

命令:_splinedit

选择样条曲线:(选择要编辑的样条曲线)

输入选项[闭合(C)/合并(J)/拟合数据(F)/编辑顶点(E)/转换为多段线(P)/反转(R)/放弃(U)/退出(X)]<退出>:(输入选项"C"回车)

输入选项[打开(O)/拟合数据(F)/编辑顶点(E)/转换为多段线(P)/反转(R)/放弃(U)/退出(X)]<退出>:(回车结束命令)

编辑样条曲线命令部分选项说明如下:

(1)闭合(C)或打开(O)。将选定的样条曲线闭合。如果选择的样条曲线是闭合的,则此选项为打开。

(2)合并(J)。将选定的样条曲线与其他样条曲线、直线、多段线和圆弧在重合端点处合并,以形成一个较大的样条曲线。

(3)拟合数据(F)。用于编辑选中样条曲线的拟合数据。选择此选项后,命令行提示:

输入拟合数据选项

[添加(A)/打开(O)/删除(D)/扭折(K)/移动(M)/清理(P)/相切(T)/公差(L)/退出

（X)]＜退出＞：

用户可以使用这些选项进行添加、删除、打开和移动拟合点等操作。

（4）反转（R）。此选项可使样条曲线反转，反转样条曲线并不删除拟合数据。

（5）扭折（K）。在样条曲线上的指定位置添加节点和拟合点，这不会保持在该点的相切或曲率连续性。

（6）移动（M）。选择此选项后，用户可以重新定位样条曲线的控制点。命令行提示：

指定新位置或［下一个（N）/上一个（P）/选择点（S）/退出（X）]＜下一个＞：

缺省的控制点为第一点，用户可通过选择下一个或上一个来选择其他控制点。

3. 编辑样条曲线操作示例

如图 4-40（a）所示，用户已经用样条曲线命令画了一系列等高线，希望移动 A 等高线的第三个拟合点，当用户选中了这条样条曲线时，就会在拟合点处出现控制点。移动 A 等高线的第三个拟合点的步骤如下：

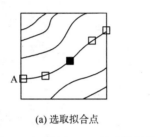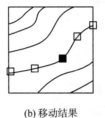

(a) 选取拟合点　　　　　(b) 移动结果

图 4-40　移动样条曲线的拟合点

命令：_splinedit

选择样条曲线：（选择要编辑的条样条曲线 A）

输入选项［闭合（C）/合并（J）/拟合数据（F）/编辑顶点（E）/转换为多段线（P）/反转（R）/放弃（U）/退出（X）]＜退出＞：（输入"f"回车）

输入拟合数据选项

［添加（A）/闭合（C）/删除（D）/扭折（K）/移动（M）/清理（P）/切线（T）/公差（L）/退出（X）]＜退出＞：（输入"m"回车）

指定新位置或［下一个（N）/上一个（P）/选择点（S）/退出（X）]＜下一个＞：（重复回车直到第三个拟合点呈高亮显示，再用鼠标拾取拟合点的新位置）

指定新位置或［下一个（N）/上一个（P）/选择点（S）/退出（X）]＜下一个＞：（若要退出编辑，输入"X"，并回车三次以结束命令）

第九节　对象特性编辑与特性匹配

对象特性是指图形对象所具有的某些反映其特征的属性。有些特性属于基本特性，适用于多数对象，例如，图层、颜色、线型、线宽和打印样式；有些特性则是专用于某一类对象，例如，圆的特性包括半径和面积，直线的特性则包括长度和角度。

对于已有对象，要想改变其特性，AutoCAD 提供了方便的修改方法，通常可以使用"特性"面板、"特性匹配"工具来进行修改。

一、使用"特性"面板

用户可以在"特性"面板中查看和修改对象的特性。

在 AutoCAD 2014 中，可以打开对象"特性"面板（图 4-41）的方法有：

●命令行：PROPERTIES。

●下拉菜单："修改"➩"特性"。

●功能区："视图"选项卡"选项板"面板"特性"![按钮图标]按钮。

当用户选择了一个对象时，如图 4-42(a)所示选中了一个圆，对象特性面板中将显示该对象的所有特性，如图 4-42(b)所示。

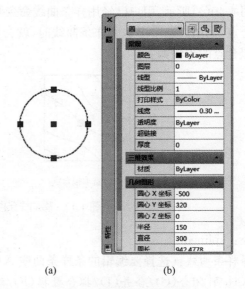

(a)　　　　　(b)

图 4-41　特性面板　　　　　图 4-42　修改对象特性

在对象特性面板中，可以方便地进行对象特性的修改。例如，在选择了图 4-42(a)所示的一个圆后，在特性管理器中用鼠标单击"直径"文本框，输入"320"回车，即可将圆的直径由 300 改为 320，随之特性面板中圆的半径、周长和面积系统会自动计算而改变。

对于能以下拉列表修改的对象特性，如果在该特性框上单击鼠标，则可以在不同的特性值之间进行切换。例如要修改圆所在的图层，先选中圆，再在特性面板中单击图层特性框，如图 4-43 所示，在出现的下拉列表中，将鼠标移动至相应的图层上单击，即可改变圆所在的图层。

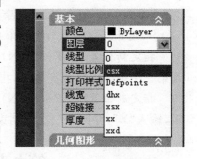

图 4-43　改变对象图层

二、对象特性匹配

用户可以通过特性匹配命令将一个对象的部分或全部特性复制到另一个或多个对象上。可以复制对象特性的有：图层、颜色、线型、线宽、线型比例、厚度和打印样式等。使用特性匹配可以使图形具有规范性,而且操作简便,类似于 Word 等软件中的格式刷。

1. 激活特性匹配命令的方式

●命令行:MACHPROP。

●下拉菜单:"修改"⇨"特性匹配"。

●功能区:"常用"选项卡"剪贴板"面板"特性匹配"按钮。

2. 将一个对象特性复制到其他对象的步骤

(1)激活特性匹配命令

(2)选择提供特性的源对象,命令行提示:

选择目标对象或[设置(S)]:

(3)选择要应用特性的目标对象,则源对象的特性被复制到目标对象中。可以继续选择目标对象,直到按回车键结束命令。

默认情况下,所有可应用的特性都自动地从选定的源对象复制到其他对象上,如果用户不希望复制源对象的某些特性,则可以在提示"选择目标对象或[设置(S)]:"时,键入"S"以选择"设置"选项,此时将弹出"特性设置"对话框,如图 4-44 所示。用户可在其中设置想要匹配的特性,清除不想复制的特性。

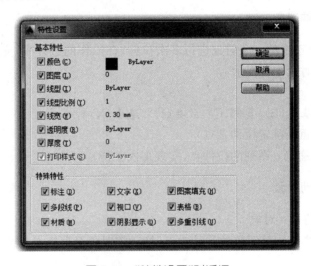

图 4-44 "特性设置"对话框

第十节 夹 点 编 辑

如果用户在未执行任何命令的情况下,选中某图形对象,那么被选中的图形对象就会以虚线加夹点来显示,如图 4-45 所示。夹点是对象上的一些特征点,以蓝色的小方块显示,可以用来控制对象的位置或大小。使用 AutoCAD 的夹点功能,操作极其灵活,可以实现对象的拉伸、移动、旋转、镜像、缩放和复制等操作。

例如,选中一条直线,将在直线的端点和中点处显示夹点,如图 4-45(a)所示,中夹点为直线对象的移动夹点,端夹点为直线对象的长度夹点。如果选中一个圆,将在圆心和四个象限点处显示夹点,如图 4-45(b)所示,中心夹点为移动夹点,其余四个为圆半径大小夹点。

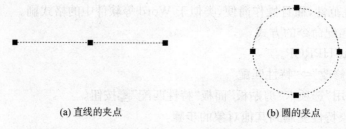

(a) 直线的夹点　　　　　　　　(b) 圆的夹点

图 4-45　对象的夹点

当对象被选中时夹点是蓝色的,如果再次单击对象的某个夹点(称基夹点)则变为红色。此时命令行提示:

命令:

＊＊拉伸＊＊

指定拉伸点或[基点(B)/复制(C)/放弃(U)/退出(X)]:

这时用户可以反复按回车键在拉伸、移动、旋转、缩放和镜像编辑方式之间来回进行切换,并可以进行相应的编辑操作。

一、利用夹点拉伸对象

利用夹点可以将选中的一个对象进行多次拉伸,在操作的过程中,先选中对象,再选中任意夹点作为基点,此时命令行提示:

＊＊拉伸＊＊

指定拉伸点或[基点(B)/复制(C)/放弃(U)/退出(X)]:

基点(B)选项:(重新确定拉伸基点)

复制(C)选项:(确定一系列的拉伸点,实现多次拉伸)

二、利用夹点移动对象

1. 利用夹点移动单一对象

先选中该对象,再选中该对象的移动夹点,拖动该对象至目标点并按下鼠标左键即可完成该对象的移动。

例如,先选中某个圆出现五个夹点,再选中该圆圆心处的移动夹点,拖动此夹点到任意位置按下鼠标左键,即可实现"移动"圆的操作。

2. 利用夹点移动多个对象

先选中该多个对象如图 4-46(a)中的矩形与圆,再选中该多个对象的任意夹点作为基夹点(如选中矩形左下角的夹点),此时命令行提示:

＊＊拉伸＊＊

指定拉伸点或[基点(B)/复制(C)/放弃(U)/退出(X)]:

这时用户按回车键,命令行提示:

＊＊移动＊＊

指定移动点或[基点(B)/复制(C)/放弃(U)/退出(X)]:

此时用户移动光标至目标点如图 4-46(b)的位置并按下鼠标左键即可完成该矩形和圆对

象的整体移动。

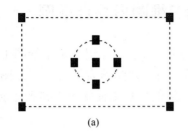 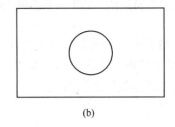

(a)   (b)

图 4-46 移动多个对象

三、利用夹点旋转对象

利用夹点可以将选中的一个或多个对象进行旋转,在操作的过程中,先选中对象,再选中任意夹点作为旋转中心,此时命令行提示:

＊＊拉伸＊＊

指定拉伸点或[基点(B)/复制(C)/放弃(U)/退出(X)]:

这时用户按两次回车键后,命令行提示:

＊＊旋转＊＊

指定旋转角度或[基点(B)/复制(C)/放弃(U)/参照(R)/退出(X)]:

此时用户移动光标至某位置按下鼠标左键或从键盘输入旋转的角度值回车即可完成对象的旋转。

四、利用夹点缩放对象

在操作的过程中,先选中对象,再选中任意夹点作为基点,此时命令行提示:

＊＊拉伸＊＊

指定拉伸点或[基点(B)/复制(C)/放弃(U)/退出(X)]:

这时用户按三次回车键后,命令行提示:

＊＊比例缩放＊＊

指定比例因子或[基点(B)/复制(C)/放弃(U)/参照(R)/退出(X)]:(输入缩放的比例因子)

五、利用夹点镜像对象

在操作的过程中,先选中对象,再选中任意夹点作为镜像线的第一点,此时命令行提示:

＊＊拉伸＊＊

指定拉伸点或[基点(B)/复制(C)/放弃(U)/退出(X)]:

这时用户按四次回车键后,命令行提示:

＊＊镜像＊＊

指定第二点或[基点(B)/复制(C)/放弃(U)/退出(X)]:(指定新的点作为镜像线的第二个点)

第十一节 绘制与编辑二维图形综合举例

第二章介绍了使用绘图命令绘制简单图形的方法,第三章介绍了基本绘图工具的使用方法,本章又介绍了编辑二维图形的基本方法和技巧。为了使学习者综合运用绘图与编辑命令以及绘图辅助工具绘制复杂图形,本节将给出两个绘图实例,以使学习者熟悉复杂图形的绘制方法与步骤。

一、绘制平面图形

如图 4-47(a)所示,按照所给尺寸绘制出该图形。分析该图形后发现,图形的外轮廓线段与线段的连接为相切连接,且是一个左右对称的图形,因此,可以先绘制左半部分,再镜像到右面,最后加以修饰,即可完成整个图形的绘制。

绘图的基本方法与步骤如下:

(1)新建图形文件。

(2)单击"图层"面板的"图层特性管理器"按钮 ,在弹出的"图层特性管理器"对话框中,新建"粗实线"层和"中心线"层。

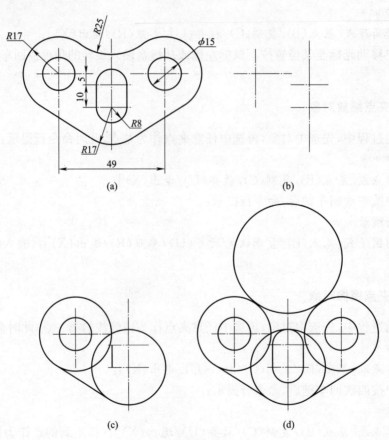

图 4-47 平面图形的绘制

(3)将"中心线"层置为当前层,首先绘制圆端形的一竖直和一水平中心线,然后利用"极轴"和"对象追踪"绘制其余中心线,如图 4-47(b)所示。

(4)将"粗实线"层置为当前层,依次绘制圆端形的左竖直线、$\phi15$ 的圆、R17 的两个圆,并绘出切于此两圆的切线,如图 4-47(c)所示。

(5)使用"镜像"命令将所绘部分对象以图形中心线为镜像线进行镜像,再使用画"圆"命令绘制 R25 的公切圆(也可使用"圆角"命令直接绘制 R25 的圆弧),使用"圆角"命令绘制圆端形 R8 的上下半圆,如图 4-47(d)所示。

(6)使用"修剪"命令剪去多余图线,并加以修饰完成全图的绘制。

二、绘制三视图

如图 4-48 所示,按照所给尺寸绘制出三视图。

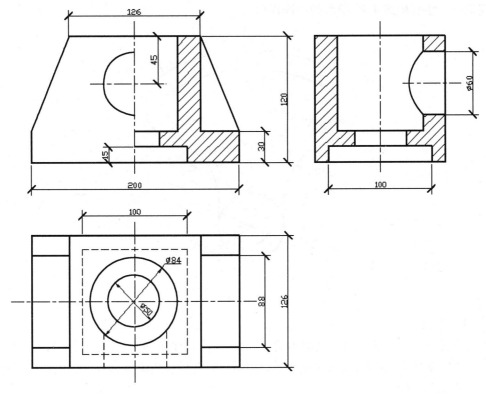

图 4-48　三视图的绘制

绘制三视图的基本方法与步骤如下:

(1)新建图形文件。

(2)单击"图层"面板的"图层特性管理器"按钮,在弹出的"图层管理器"对话框中,新建"粗实线"层、"中心线"层和"虚线"层。

(3)绘制平面图。

①将"中心线"层置为当前层,绘制中心线。

②将 USC 原点设置在中心线的交点处,以此作为绘图的基准点。

③分别使用矩形、圆、直线、偏移和镜像等命令在相应图层上绘制矩形、圆和直线。

（4）绘制正立面图。

使用"极轴"和"对象追踪"（以保证"长对正"）工具和画直线、圆、填充等命令在相应图层上绘制相应的对象。

（5）绘制左视图。

首先在平面图的正右方适当位置画一45°线，并将有关定宽点水平引至45°线上。再使用"极轴"和"对象追踪"（以保证"高平齐"和"宽相等"）工具和画直线、圆弧、填充等命令在相应图层上绘制相应的对象。

上 机 实 训

实训一　绘制如图 4-49 所示的平面图形

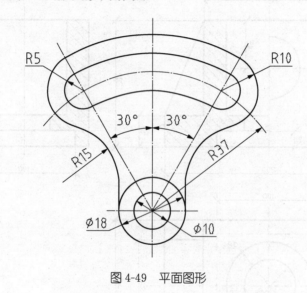

图 4-49　平面图形

1. 目的要求

本实训设计的图形除了要用到基本的绘图命令外，还要用到"偏移"、"圆角"和"修剪"等编辑命令。通过本实训，要求灵活掌握绘图的基本技巧，巧妙应用编辑命令和辅助绘图工具来快速准确地完成图形的绘制。

2. 操作提示

（1）新建图形文件。

（2）新建"粗实线"层和"中心线"层。

（3）绘制中心线。

（4）先绘制 $\phi10$、$\phi18$ 和左侧的 R5 和 R10 的圆，再绘制与圆 $\phi10$ 左象限点相切的竖线（适当长），以竖直中心线为镜像线镜像圆 R5、R10 和左竖线，后用圆弧命令绘制与两 R5 的圆外切的圆弧，用偏移命令分别对该圆弧进行以距离 10 和 15 的偏移。

（5）对竖线和 $\phi10$ 的圆作 R15 的圆角（左右各一次）。

（6）对图形进行修剪编辑以完成全图。

实训二 绘制如图 4-50 所示的两面投影图

1. 目的要求

本实训设计的两面投影图在绘图过程中,除了要用到基本的绘图命令外,还要用到"图案填充"命令和"镜像"、"修剪"等编辑命令。通过本实训,进一步熟悉常见绘图与编辑命令的使用技巧,特别是"对象追踪"和"极轴"工具的使用技巧。

2. 操作提示

(1)新建图形文件。

(2)新建"粗实线"层、"中心线"层、"剖面线"层和"虚线"层。

(3)利用"极轴"和"对象追踪"工具,使用矩形、圆、直线、镜像、修剪等绘图与编辑命令绘制水平投影图。

(4)利用"极轴"和"对象追踪"工具,使用直线、镜像和图案填充等命令绘制正面投影图。

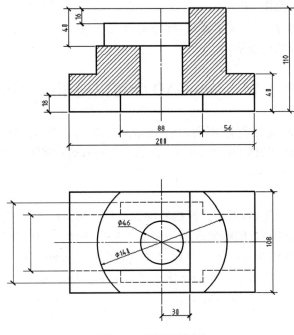

图 4-50 两面投影图

第五章　文字与表格

AutoCAD 将文字作为一种图形实体，可以以单行文字或多行文字的形式进行标注，并可以对已标注的文字进行相应的编辑。文字可以取自不同的字体文件，还可以根据需要设置字样以满足使用要求。

AutoCAD 2014 提供了类似于在 Word 中制表那样的表格工具，用户可以在 AutoCAD 环境中创建表格。当表格创建完成后，可以通过单击表格上的任意格线选中表格，从而使用"特性"选项板来对表格的行高或列宽进行修改。用户还可以像在 Microsoft Excel 中一样添加行或列以及合并单元格等操作。

本章将介绍以下内容：定义文字样式，标注单行文字、多行文字及特殊字符，文字编辑。创建表格样式，插入表格，编辑表格。

第一节　AutoCAD 中可以使用的字体

与一般的 Windows 应用程序不同，在 AutoCAD 中可以使用两种类型的文字，分别是 AutoCAD 专用的形字体（SHX）和 Windows 自带的 TureType 字体。

一、形字体（SHX）

形字体的特点是字形简单，占用计算机资源少。形字体文件的后缀是"SHX"。AutoCAD 中提供了中国用户专用的符合国标要求的中西文工程形字体，其中有两种西文字体和一种中文长仿宋体工程字体，两种西文字体的字体名分别是"gbenor. shx"和"gbeitc. shx"，前者是直体，后者是斜体；中文长仿宋体工程字的字体名是"gbcbig. shx"，如图 5-1 所示。

1234567890abcdefABCDEF

1234567890abcdefABCDEF

中文长仿宋体工程字

图 5-1　中西文工程形字体

二、TureType 字体

在 Windows 操作环境下，几乎所有的 Windows 应用程序都可以直接使用由 Windows 操作系统提供的 TureType 字体，包括宋体、黑体、楷体、仿宋体等，AutoCAD 也不例外。TureType 字体的特点是字形美观，但是占用计算机资源较多，对于计算机的硬件配置比较低的用户不宜使用，并且 TureType 字体不完全符合我国制图标准对工程图用字的要求，所以一般不推荐大家使用 TureType 字体。TureType 字体的字形如图 5-2 所示。

中文宋体字123456abcdABCD

中文仿宋体123456abcdABCD

图 5-2　TureType 字体

第二节　定义文字样式

AutoCAD 图形文件中的所有文字都有与之相关联的文字样式。文字样式是文字所用字体文件、字体大小、宽度比例、倾斜角度、方向、书写效果等的综合。AutoCAD 有系统默认的文字样式(Standard)。当用户在 AutoCAD 中输入文字时,系统会自动将输入的文字与当前的文字样式关联。如果要使用其他文字样式时,可定义新的文字样式。并且将所要使用的文字样式设置为当前样式。用户可以通过文字样式来改变字体及其他文字特征。

在 AutoCAD 2014"二维草图与注释"工作空间下,激活文字样式命令的方法有 4 种:

●命令行:STYLE 或 ST。

●下拉菜单:"格式"⇨"文字样式"。

●功能区:"常用"选项卡"注释"面板"文字样式"按钮。

●功能区:"注释"选项卡"文字"面板右下角按钮。

一、"文字样式"对话框

激活文字样式命令后,弹出如图 5-3 所示的"文字样式"对话框。该对话框主要包括以下内容:"样式"列表框、样式列表过滤器、"预览"框、"字体"选项区、"大小"选项区、"效果"选项区。下面对各部分内容分述如下:

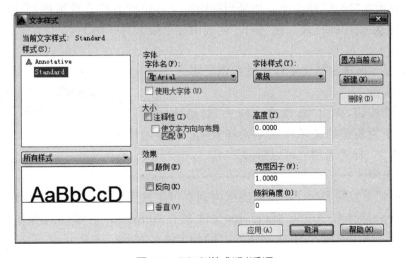

图 5-3　"文字样式"对话框

1."样式"列表框

主要用来列出当前图形文件中存在的文字样式,包括已定义的样式名并默认显示当前选择的文字样式。用户可以在该列表框内选中一种文字样式,然后单击"文字样式"对话框右侧的"置为当前"、"删除"等按钮将选中的文字样式置为当前状态或删除,也可以选中一种文字样式,右击然后在弹出的快捷菜单中选择"置为当前"、"重命名"、"删除"而完成置为当前、重命名、删除操作,如图 5-4 所示。

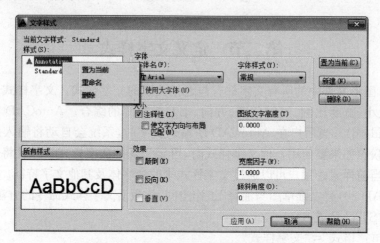

图 5-4　在"样式"列表框上右击操作

一张新图默认的文字样式名为"Standard"和"Annotative"。这两种样式都设置了字体" Arial. shx"。如果想要使用其他字体,可以创建新的文字样式来设置字体特征,这样可以在同一个图形文件中使用多种字体。

"Standard"样式不能被删除。

2. 样式列表过滤器

样式列表过滤器位于列表框和预览框之间,通过在下拉列表中指定"所有样式"还是"正在使用的样式"显示在"样式"列表中。如果当前图形文件中所有样式均被使用,则无论选择"所有样式"还是"正在使用的样式",在"样式"列表中显示效果都一样。

3. 预览框

该框用来显示所选定的文字样式的样例文字。

4."新建"按钮

单击"新建"按钮,弹出"新建文字样式"对话框(图 5-5)。该对话框可用于为新建的文字样式定义样式名。新建的样式名默认为"样式 1",样式名用户可以修改。

图 5-5　"新建文字样式"对话框

5."字体"选项区

(1)"字体名"下拉列表框。在该列表框内列有可供选用的字体文件。字体文件包括所有注册的 TrueType 字体和 AutoCAD Fonts 文件夹下 AutoCAD 已编译的所有形字体(SHX)(包括某些专为亚洲国家设计的"大字体"文件)的字体名,如图 5-6 所示。

其中字体名前带有 者为 TrueType 字体,带有 者为形字体(SHX)。

形字体(SHX)设定的是西文及数字的字体,其中的"gbenor. shx"和"gbeitc. shx"是符合我国制图标准要求的工程字体,前者是直体,后者是斜体。

字体名前带有"@"者,为竖式字体,当文字竖向书写时可选用这种字体。

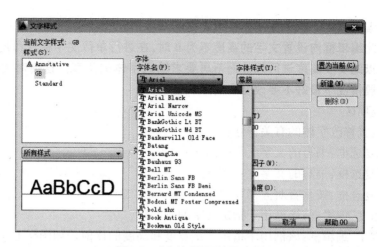

图 5-6　"字体名"下拉列表框

（2）"使用大字体"复选框，指定亚洲语言的大字体文件。此复选框用于创建包含大字体的文字样式。TrueType 字体不能使用大字体，只有选择形字体（SHX）时，才能使用该复选框。也只有选中该复选框，才能使用大字体。这时可从"字体样式"下拉列表中选择所要使用的大字体，工程图中工程字使用的中文大字体名为"gbcbig. shx"。

当"使用大字体"复选框选中时，"字体名"变为"SHX 字体"。下拉列表中将只有 SHX 字体，没有 TrueType 字体。

6."大小"选项区

该选项主要用来更改文字样式中文字的高度。

（1）"注释性"复选框。"注释性"复选框处于选中状态时，"样式"列表框内处于修改状态的文字样式前面会添加一个 A 图标，并且"使文字方向与布局匹配"复选框处于可选状态，"高度"变为"图纸文字高度"，如图 5-7 所示。"使文字方向与布局匹配"是指图纸空间视口中的文字方向与布局方向相匹配，如果不勾选"注释性"复选框，则"使文字方向与布局匹配"复选框处于灰色不可用状态。

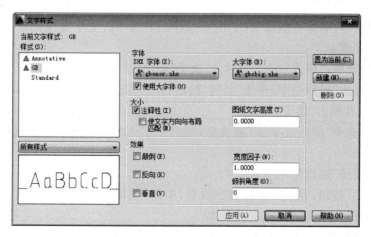

图 5-7　"注释性"复选框处于选中状态

(2)"高度"编辑框。此编辑框用于设置文字的高度。它的默认值为 0。

注意：若在此编辑框内设置文字的高度不为 0 时，在进行单行文字标注和尺寸标注的操作过程中，系统将以此文字高度进行标注而不再要求输入字体的高度。这会对文字和尺寸的标注带来不便，一般情况下最好不要改变它的默认值"0"。

7."效果"选项区

该区用来设置修改字体的有关特性：

(1)"颠倒"复选框：书写的文字上下颠倒。

(2)"反向"复选框：书写的文字左右颠倒。

(3)"垂直"复选框：按垂直对齐书写文字。

(4)"倾斜角度"编辑框：该框用于指定文字的倾斜角。

(5)"宽度因子"编辑框：该框用于指定文字宽度和高度的比值。如图样上长仿宋体的宽高比例约为 0.7，但对于大字体"gbcbig.shx"，其字形本身就是工程字体，所以其宽度因子保持默认值"1"就可以了。

对文字的各种设置效果样例如图 5-8 所示。

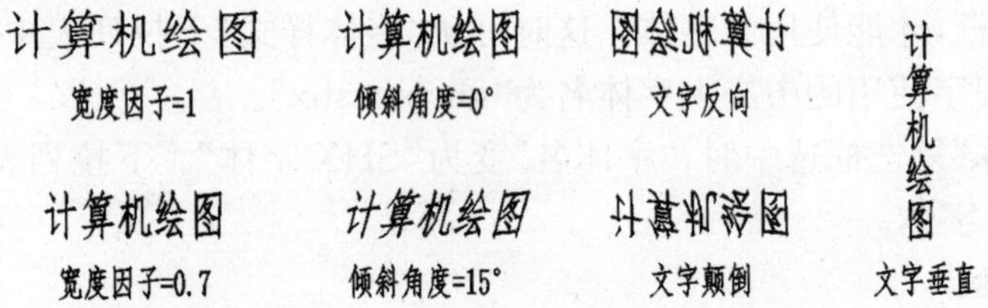

计算机绘图　　　计算机绘图　　　图绘机算计　　　计算机绘图
宽度因子=1　　　倾斜角度=0°　　　文字反向

计算机绘图　　　*计算机绘图*　　　图绘机算计　　　文字垂直
宽度因子=0.7　　　倾斜角度=15°　　　文字颠倒

图 5-8　对文字的各种设置效果样例

注意："垂直"复选框，显示垂直对齐的字符。只有在选定字体支持双向时"垂直"才可用，TrueType 字体不可使用"垂直"选项；在"倾斜角度"编辑框内设置文字的倾斜角，允许的输入值范围是 −85°到＋85°之间的某一值。

二、定义文字样式的操作举例

定义的字样内容：字体为仿宋字(T 仿宋)，样式名为 fsz，文字宽度因子为 0.7，文字倾斜角度为 0°。操作步骤如下：

(1)选择下拉菜单："格式"⇨"文字样式"选项，弹出"文字样式"对话框。

(2)在"文字样式"对话框中，单击"新建"按钮，弹出"新建文字样式"对话框，在"样式名"文本框中输入"fsz"，并单击"确定"按钮。

(3)确保不要选中"使用大字体"复选框，然后在字体名下拉列表框中选择"T 仿宋"字体文件。

(4)在"宽度因子"编辑框内输入 0.7。

(5)单击"应用"按钮，完成文字样式的设置，单击"关闭"按钮退出"文字样式"对话框，完成文字样式定义操作。

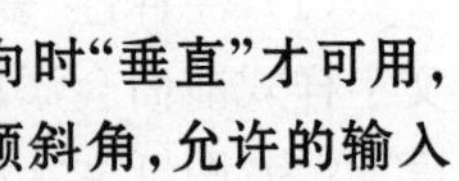

文字样式定义结束后，便可以进行文字书写了。图 5-9 所示为该样式的范例。

计算机绘图

图 5-9　文字样式范例

三、定义工程图样上的文字样式

工程图样上所写文字应符合国家有关制图标准的规定。下面在 AutoCAD 中定义符合国家标准规定的工程字，文字样式名为"工程字"，西文字体设成"gbenor. shx"，中文字体采用大字体"gbcbig. shx"。方法如下：

（1）选择下拉菜单："格式"⇨"文字样式"，弹出"文字样式"对话框。

（2）单击"新建"按钮，弹出"新建文字样式"对话框，在"样式名"文本框中，将默认的样式名"样式 1"改为"工程字"，并单击"确定"按钮。

（3）在"字体"选项区的"SHX 字体"下拉列表中选择"gbenor. shx"，确保勾选"使用大字体"复选框，然后在"大字体"下拉列表中选择"gbcbig. shx"。

确保"宽度比例"为 1，定义工作完成。此时对话框如图 5-10 所示，单击"应用"按钮，再单击"关闭"按钮，关闭对话框回到图形窗口。

图 5-10　定义工程图样上的文字样式

注意：此样式能够同时满足国家制图标准对工程图样上书写汉字和尺寸的要求。但对技术要求中出现的其他特殊符号和字母的标注，还需特殊的标注方法，这些将在第三节中介绍。

第三节　文　字　输　入

AutoCAD 提供了两种输入文字的工具，分别是单行文字（Dtext）和多行文字（Mtext），对简短输入项可以使用单行文字，对于较长的文字或带有内部格式的文字则使用多行文字比较合适。

单行文字与多行文字的使用区别在于：单行文字命令是在绘图区的指定位置标注文字，使用一次单行文字命令，可标注出单行（一行）文字或通过换行操作标注出多个单行文字。这些单行文字每行是独立的对象，可分别对它们进行编辑操作。多行文字命令是在绘图区的指定区域标注段落性（包含多个文本行）文字。使用多行文字命令标注的多行文字是一个对象。对这个对象可作整体的编辑、修改操作。为此，把使用单行文字命令（Dtext）标注的文字称为单行文字，把使用多行文字命令（Mtext）标注的文字称为多行文字，下面分别对单行文字、多行文字命令的使用和操作进行介绍。

一、单行文字输入

1. 激活命令方式

● 下拉菜单："绘图""文字""单行文字"。

● 功能区："常用"选项卡"注释"面板"单行文字"**A**按钮。

● 功能区："注释"选项卡"文字"面板"单行文字"**A**按钮。

● 命令行：DTEXT 或 TEXT、DT。

2. 命令选项

Dtext 命令被激活后，命令行中显示如下提示：

命令：_dt text

当前文字样式："Standard"　文字高度：2.5000　注释性：否　对正：左

指定文字的起点或［对正(J)样式(S)］

各选项的含义如下：

（1）指定文字的起点　要求指定文字行中第一个字符的起点（左下角点）。若直接按回车则将第一个字符的插入点定位于刚刚输入文字的左下方。选择该选项后的系统提示：

指定高度＜当前高度值＞：要求指定文字的书写高度。可键入，也可通过在屏幕上指定两点的方式输入。（若在"文字样式"对话框中指定了文字高度，则无此提示。）

指定文字的旋转角度 ＜0＞：要求指定文字行的倾斜方向。

输入文字：输入要书写的文字内容。

输入文字：若按回车键，结束一个文本行的文字输入。回车后可继续输入下一行文字内容，则实现了换行操作。（也可通过移动鼠标并单击，来改变文字的输入位置）。也可再按回车键，结束单行文字输入命令。

（2）样式(S)：该选项用于指定要输入的文字样式。选择该选项后系统提示：输入样式名或［?］＜当前样式＞：可按回车接受＜当前样式＞，或直接输入文字的样式名，重新指定当前文字样式；还可键入"?"响应提示，系统将打开文本窗口，列出已定义过的所有文字样式名及相关信息。

（3）对正(J)：该选项用于控制文字的对正方式。文字可以以指定一点的对正方式注写（共有 13 种样式供选择），也可以通过指定两点（文字行的起点和终点）的对正方式注写（有两种样式供选择）。AutoCAD 在提供这些对正方式时，为文字行定义了 4 条直线，这 4 条直线如图 5-11 所示，从上往下排列，依次称为：顶线(Top Line)、中线(Middle Line)、基线(Base Line)和底线(Bottom Line)。各种对正方式就是以其中一条直线的左点、中点和右点为指定点来定义的。各种对正方式的代号名称及位置如图 5-11 所示。

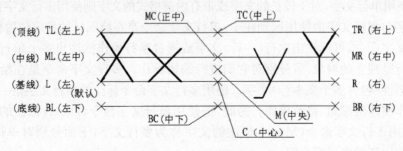

图 5-11　文字对正方式

选择"对正(J)"选项后,命令行中显示各对正方式:

j输入选项[左(L)/居中(C)/右(R)/对齐(A)/中间(M)/布满(F)/左上(TL)/中上(TC)/右上(TR)/左中(ML)/正中(MC)/右中(MR)/左下(BL)/中下(BC)/右下(BR)]:

可根据所注文字的位置特点,选择恰当的对正方式。默认的对正方式为左对正。图5-12所示列举了几种以不同对正方式注写的文字。

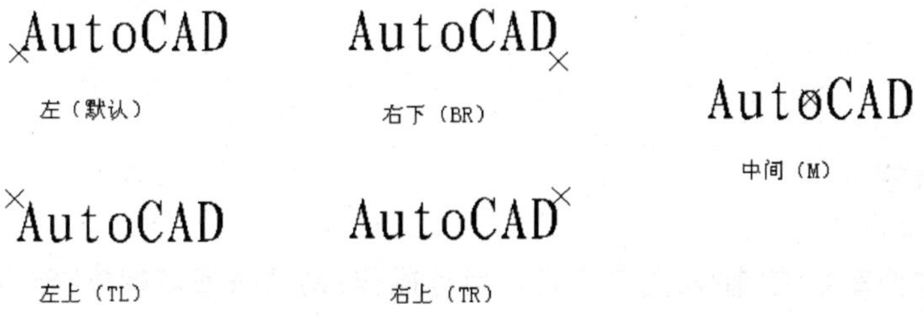

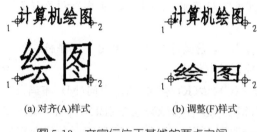

图5-12 用几种不同的对正方式注写的文字

图5-13所示为以指定两点的对正方式[对齐(A)和布满(F)]注写的文字。

图5-13 文字行位于基线的两点之间

注意:此时文字行根据指定的两点间的距离、字符数自动调整文字的高度或宽度。

①对齐(A):是通过指定文字行基线的起点和终点来确定文字的宽度和方向如图5-13(a)所示。该对正方式,使文字行位于指定基线的起点和终点之间,并且保持文字的宽度比例不变,文字的宽度和高度根据文字行中字符的多少自动调整。字符串越长,文字的宽度和高度越小。

②布满(F):是通过指定文字行基线的起点和终点来确定文字的宽度和方向如图5-13(b)所示。该对正方式,使文字行位于指定基线的起点和终点之间,文字高度保持不变,文字的宽度根据文字行中字符的多少自动调整。字符串越长,文字的宽度越窄。

注意:这些对正方式在注写文字时是很有用的,在特殊区域或特定的环境下。需要采用特殊的文字对正方式。

【例5-1】 以二中定义的"工程字"字样,以默认的左对正方式,书写图5-14所示标题栏中的"制图"、"审核",文字高度为5。

操作步骤如下:

首先打开"文字样式"下拉列表框,将定义的"工程字"字样置为当前。

在命令行输入:DT↙,(或下拉菜单:"绘图"⇨"文字"⇨"单行文字")。则命令行显示如下:

命令:_dt text

当前文字样式:"工程字" 文字高度:2.5000 注释性:否 对正:左

指定文字的起点或［对正(J)/样式(S)］:(在要写字的表格内高度的四分之一且靠左边线适当位置处指定一点作为文字输入的左下角基点)

指定高度 <2.5000>:5 ✓

指定文字的旋转角度 <0>:✓

此时命令行为空白,光标在文字基点处闪烁,等待输入文字。在当前光标处输入下面文字内容:

制图 ✓

审核 ✓

✓(回车,光标换行)

✓(回车,结束操作)

注意:一次按回车响应"输入文字:"实现换行操作;两次按回车响应"输入文字:"结束标注文字操作。

【例 5-2】 以中间对齐的方式书写标题栏中如图 5-14 所示的"建筑施工图",文字高度为 10。

操作步骤如下:

在命令行输入:DT ✓(或下拉菜单:"绘图"⇨"文字"⇨"单行文字"),则命令行显示如下:

命令:_dt text

当前文字样式:"工程字" 当前文字高度:5.000 注释性:否 对正:左

指定文字的起点或［对正(J)/样式(S)］:j✓

j 输入选项［左(L)/居中(C)/右(R)/对齐(A)/中间(M)/布满(F)/左上(TL)/中上(TC)/右上(TR)/左中(ML)/正中(MC)/右中(MR)/左下(BL)/中下(BC)/右下(BR)］:M ✓

指定文字的中心点:(拾取图名栏的中心点,可利用对角线获得)

指定高度 <5.0000>:10 ✓

指定文字的旋转角度 <0>:✓(回车取默认值)

        建筑施工图✓

        ✓(回车换行)

        ✓(回车结束操作)

操作结果如图 5-14 所示。

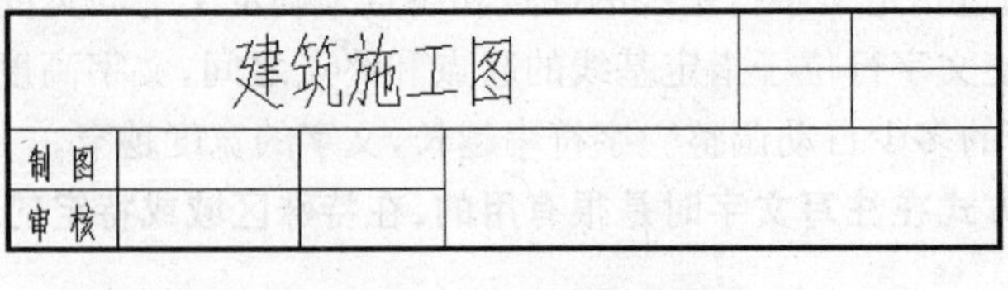

图 5-14 文字书写举例

注意:采用哪种对正方式书写文字要根据具体情况而定。在如图 5-15(a)中标高符号的上方注写标高值 12.500 时,宜采用 BR(右下)对正方式书写;而当在如图 5-15(b)所示的标高符号下方注写标高值 12.500 时,采用 TL(左上)对正方式比较方便。而在图 5-14 的表格中写字时,宜采用中间(M)对正方式。

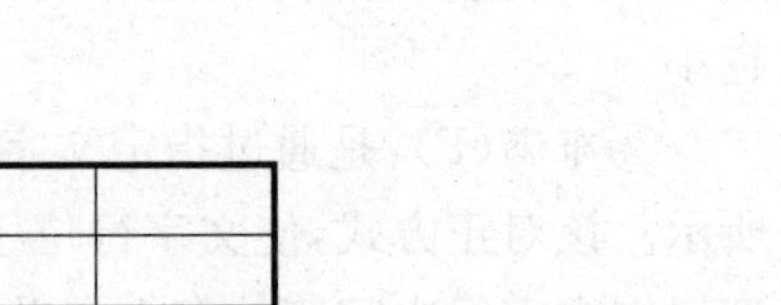

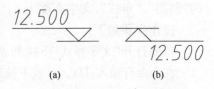

图 5-15 文字对正方式的选择

二、多行文字输入

对于较长的文字或带有内部格式的文字,可以使用多行文字命令输入。多行文字实际上是一个类似于 Word 软件的编辑器。它是由任意数目的文本行或段落组成的,布满指定的宽度,并且可以沿垂直方向向下无限延伸。多行文字的编辑选项比单行文字多,例如,可以对段落中的任意字符或短语进行下画线、字体、颜色和高度的修改,用户可以通过控制文字框来控制文字的行长和段落的位置。

1. 激活标注多行文字命令的方式:

● 下拉菜单:"绘图"⇨"文字"⇨"多行文字"。

● 功能区:"常用"选项卡"注释"面板"单行文字" A 按钮。

● 功能区:"注释"选项卡"文字"面板"单行文字" A 按钮。

● 命令行:MTEXT 或 MT。

使用多行文字命令注写文字,系统首先要求在绘图区指定注写文字的区域,即文字框。文字框是通过指定其两个对角顶点来确定的。定义文字框的操作如下:

激活多行文字命令后,在命令行中显示:

命令:_mt mtext

当前文字样式:"Standard" 文字高度:2.5 注释性:否

指定第一角点:(此时,十字光标右下角出现"abc"字样,用鼠标在所要写字的区域指定一点作为文字框的第一角点,然后移动鼠标,系统显示出一个矩形框(称为文字框)以表示多行文字的位置和文字行的长度,矩形框内用一向下箭头指示出文字的段落方向如图 5-16 所示。

指定对角点或 [高度(H)/对正(J)/行距(L)/旋转(R)/样式(S)/宽度(W)]:(在适当的位置指定另一点作为文字框的对角顶点)

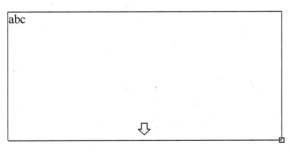

图 5-16 文字框

2. 输入文字

当给出文字框的对角顶点后,系统弹出"文字格式"编辑器,如图 5-17 所示。"文字格式"编辑器的文本编辑窗口就是指定的文字框,窗口上方有一标尺,可以通过拉动标尺右边的箭头来改变文字框的长度。现在可以在"文字格式"编辑器中输入和编辑所需的文字,完毕后单击

“确定”按钮即可。假设用户已经输入了某图纸的附注说明，文字高度为 5，如图 5-18 所示，单击“确定”按钮结果如图 5-19 所示。

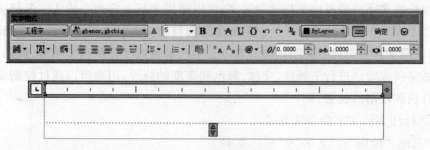

图 5-17　文字格式编辑器

说明：
本工程所有卫生间楼地面，均比同层基准
楼地面低20mm，所有阳台楼地面均比同层
基准楼地面低40mm。

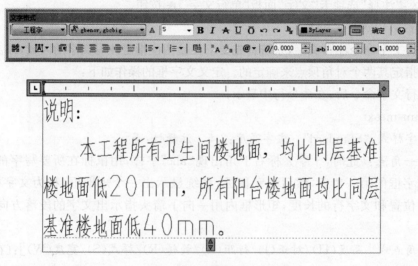

图 5-18　输入的文字

说明：
本工程所有卫生间楼地面，均比同层基准
楼地面低20mm，所有阳台楼地面均比同层
基准楼地面低40mm。

图 5-19　多行文字输入的结果

“文字格式”编辑器具有很强的编辑功能。下面介绍其上的各个选项如何使用。

(1)“样式”下拉列表(第一行左起第一项)：可以通过“样式”下拉列表选择已定义好的文字样式，将其应用到多行文字的全部文字上，无法应用于部分文字。

(2)“字体”下拉列表(第一行左起第二项)：通过“字体”下拉列表可以修改选中文字的字体。

(3)“字高”下拉列表(第一行左起第三个文本框)：通过“字高”下拉列表可以修改选中文字的高度。“字高”下拉列表中只列出了已经设置过的文字高度，如果要将字高设置成下拉列表

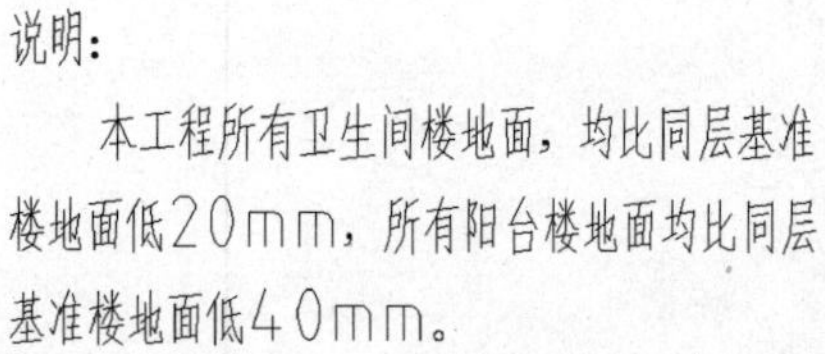

中没有的值，可以直接在列表框中输入。

（4）加粗"**B**"按钮、斜体"*I*"按钮、下画线"U"按钮、放弃"↶"按钮、重做"↷"等按钮的作用与 Word 字处理软件中的相应按钮相同。

（5）"堆叠"按钮：用于打开或关闭堆叠格式（堆叠是一种垂直对齐的文字或分数）。使用时，需要分别输入分子与分母，其间使用 ^、/ 或 ♯ 分隔，然后选中这一部分，单击图标 即可。例如，要创建 $\phi 100^{+0.02}_{-0.06}$，可先输入 $\phi 100+0.02\char`\^-0.06$，然后选中"$+0.02\char`\^-0.03$"并单击 按钮。分隔符 ^、/ 或 ♯ 的堆叠效果见表 5-1。

表 5-1　堆叠效果

输入的内容	堆叠的效果
$\phi 100+0.02\char`\^-0.06$	$\phi 100^{+0.02}_{-0.06}$
3/4	$\dfrac{3}{4}$
3♯4	¾

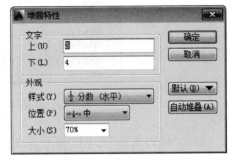

图 5-20　"堆叠特性"对话框

注意：如果需要编辑堆叠文字，可选中堆叠文字，右击并从弹出的快捷菜单中选择"堆叠特性"菜单项即可打开堆叠特性对话框，如图 5-20 所示。在"堆叠特性"对话框中可以编辑堆叠文字以及修改堆叠文字的类型、位置、大小等设置。

（6）"颜色"下拉列表：用以修改文字的颜色。

（7）"标尺"按钮：可以打开或关闭标尺显示，用户可以像在 Word 软件中一样通过拖动标尺上的滑块来修改段落缩进。在标尺上右击，可以在弹出的快捷菜单中选择"段落…"命令来打开"段落"对话框，在此对话框中可以对缩进、制表位、段落对齐、以及行间距作进一步设置。

（8）"选项"按钮：单击"选项"按钮可以弹出一个菜单，如图 5-21 所示。这个菜单包含了全部的按钮选项和更多的设置。

（9）"对齐"按钮：共有 5 个对齐按钮，用于设置对齐方式。文字可根据其左右边界进行居中对齐、左对齐或右对齐，或分布对齐。

（10）"编号"下拉列表按钮：用于设置段落的编号或项目符号的形式。

（11）"行间距"下拉列表按钮：用于设置行间距。

（12）"全部大写"、"小写"按钮：将选中英文字母全部改为大写或小写。

（13）"上画线"按钮：为文字添加上画线。

（14）"符号"按钮：对于一些不能直接从键盘输入的特殊工程符号，如 ϕ、°、±、∠、≠、平方、立方等，可以从"符号"的下拉菜单中找到，单击所需的菜单项即可输入该符号，"符号"下拉菜单如图 5-22 所示。也可以通过在文字中输入控制代码来输入符号。控制代码位于"符号"下拉菜单项的右边。

图 5-21 "选项"菜单　　　　　　　图 5-22 "符号"菜单

(15)"倾斜角度"文本框 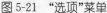：控制文字的倾斜角度。

(16)"追踪"文本框 ：调节文字的字间距。

(17)"宽度比例"文本框 ：控制文字的宽高比。

除了从键盘向文本编辑区输入文字外，还可以直接将其他软件录入好的大段文字输入进来，AutoCAD 可以接受的文本格式有纯文本文件(文件后缀为"txt")和 RTF 格式文本文件(文件后缀为"rtf")。方法如下：

在文本编辑窗口中右击，弹出一个右键菜单，选择其中的"输入文字"菜单项(也可从"选项"菜单中选择"输入文字"菜单项)，AutoCAD 会弹出"选择文件"对话框，确保文件类型下拉列表的选项与要打开的文件类型一致，然后找到所要打开的文件，单击"确定"按钮，完成文字的输入。

注意：除了上述方法之外，使用 Windows 系统中的"复制＋粘贴"操作，也可以将预先录入好的大段文字粘贴到多行文字编辑器中。

三、特殊字符输入

输入多行文字时，可以通过"文字格式"编辑器中的"符号"菜单输入特殊字符，而对于单行文字，则必须通过控制码来输入特殊字符。在键盘上直接输入这些控制码可以达到标注特殊字符的目的。AutoCAD 提供的常见特殊字符的控制码见表 5-2。

表 5-2　特殊字符的控制码

控制码	相应符号及功能
%%c	用于生成直径符号"ϕ"
%%d	用于生成角度符号"°"
%%p	用于生成正负符号"±"
%%%	用于生成百分符号"%"

控制码	相应符号及功能
%%O	打开或关闭文字上划线功能
%%U	打开或关闭文字下划线功能
\U+2220	用于生成角符号"∠"
\U+00B2	用于生成平方符号"²"
\U+00B3	用于生成立方符号"³"

【例 5-3】 利用单行文字命令标注图 5-23 所示字符与符号。

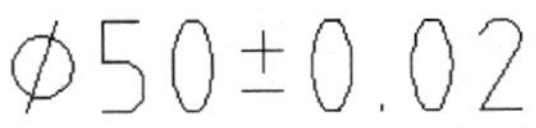

$$\phi 50\pm 0.02$$

图 5-23 用控制码标注的特殊字符

命令行提示及相应操作如下:

在命令行输入:DT↙,(或菜单:"绘图"⇨"文字"⇨"单行文字")。则命令行显示如下:

命令:_dt text

当前文字样式:"工程字" 文字高度:2.5000 注释性:否 对正:左

指定文字的起点或 [对正(J)/样式(S)]:(在图形窗口拾取一点)

指定高度 <2.5000>:5 ↙

指定文字的旋转角度 <0>:↙(水平书写)

输入文字:%%c50%%p0.02↙(控制码表示的字符与符号)

输入文字:↙(回车换行)

输入文字:↙(回车结束操作)

结果如图 5-23 所示。

第四节 文 字 编 辑

文字输入的内容和样式不可能一次就达到用户要求,有时需要进行反复的调整与修改。此时就需要在原有文字的基础上对文字对象进行编辑。

一、编辑单行文字

对于单行文字,只需在文字上双击,文字就进入编辑状态,如图 5-24 所示。

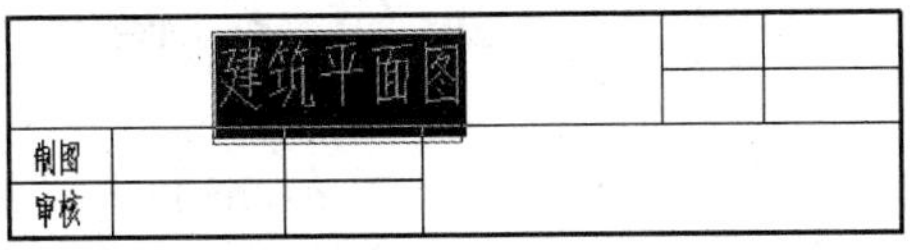

图 5-24 进入编辑状态的单行文字

在编辑状态下,可以任意修改文字的内容,修改完成后只需直接回车即可进行下一个文字对象的编辑,连续两次回车即可结束编辑命令。

采用双击的方法对单行文本进行编辑,只能修改文字的内容,不能修改文字的其他特性。若要修改文字的其他特性,可以使用"特性"工具。方法是先选中要编辑的文字,然后单击功能区"常用"选项卡上的"特性"面板右下角 ▲ 按钮,弹出"特性"对话框,如图 5-25 所示。在"特性"对话框中,不但可以修改文字的内容,还可以修改文字的样式、高度、旋转角、宽度比例、倾斜角、文字颜色、文字所在图层等文字特性。

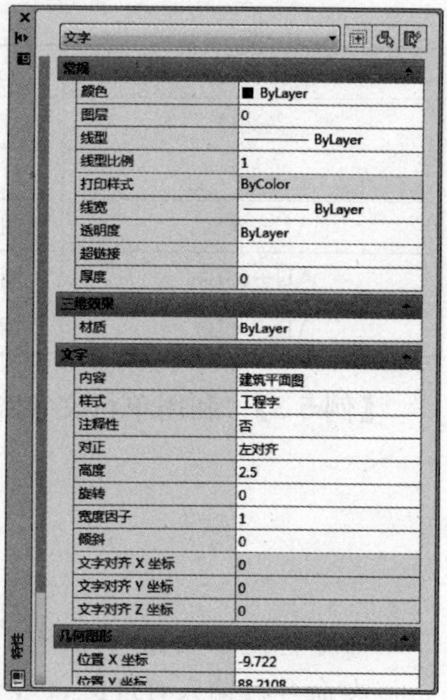

二、编辑多行文字

双击要编辑的多行文字,便弹出"文字格式"编辑器。在"文字格式"编辑器中,不但可以修改文字的内容,还可以像 Word 字处理软件一样对文字的字体、字高、加粗、倾斜、下画线、颜色、堆叠样式、文字样式、缩进、对齐等特性进行编辑。编辑完成后只需单击"确定"按钮即可。

【例 5-4】 将图 5-19 所示的多行文字中第一行"说明:"的字高改为 10;将第二行中的"20 mm,"改为"0.02 米;"。操作过程如下:

图 5-25 "特性"对话框

双击要编辑的多行文字,弹出"文字格式"编辑器,如图 5-18 所示。选中第一行的文字,然后在"文字高度"列表框输入"10";接着选中第二行中的"20mm,"然后按退格键将其删除;并输入"0.02 米;",编辑完后如图 5-26 所示。最后单击"确定"按钮即可。

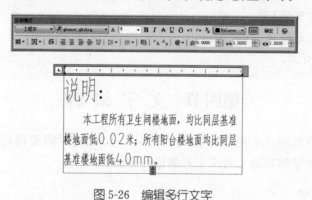

图 5-26 编辑多行文字

第五节 创 建 表 格

在工程图中经常需要使用表格,如标题栏、门窗表、钢筋表等都属于表格的应用。用户可以利用 AutoCAD 提供的表格工具设置所需要的表格样式,然后在图形窗口插入设置好样式的空表格,并且可以像 Word 中的表格一样很方便地向表格的单元格中填写数据或文字。

一、创建表格样式

1. 激活表格样式命令、输入新建表格样式名

激活表格样式命令的方式如下：

●下拉菜单："格式"⇨"表格样式"。

●功能区："常用"选项卡"注释"面板"表格样式" ▦ 按钮。

●功能区："注释"选项卡"表格"面板"表格样式" ↘ 按钮。

●命令行：TABLESTYLE 或 TS。

激活"表格样式"命令后，会弹出"表格样式"对话框，如图 5-27 所示。

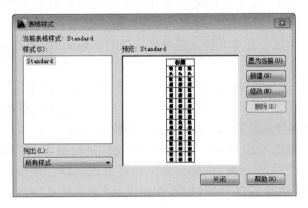

图 5-27 "表格样式"对话框

在"表格样式"对话框的"样式"列表框中有一个"Standard"的表格样式，"Standard"的表格样式是 AutoCAD 自动生成的样式。要创建用户想要的表格样式，可单击"新建"按钮，弹出"创建新的表格样式"对话框来创建新的表格样式，如图 5-28 所示。

下面以创建"门窗表"表格样式为例说明创建表格样式的方法。在"新样式名"文本框中输入"门窗表"，表示这是新建的名为"门窗表"的表格样式。

图 5-28 "创建新的表格样式"对话框

单击"继续"按钮，弹出"新建表格样式：门窗表"对话框，如图 5-29 所示。

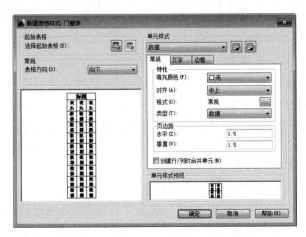

图 5-29 "新建表格样式"对话框

2. 设置单元特性

(1)"起始表格"选项区。单击"选择起始表格"按钮▣,可以在图形窗口中选择一个表格,将其样式作为新建表格的样式。若新建的表格样式与已插入的表格接近,只有部分内容不同时,用此方法很方便,只需将不同的地方修改即可。若没有已插入的表格,此项没用。

(2)"常规"选项区。单击"表格方向"下拉列表中,用户可以选择"向下"或"向上"以指定表格方向,例如"向下"选项表示表格由上而下读取,标题行和列标题都在表格顶部。表格里有三个基本要素,分别是"标题""表头""数据"。在预览框里可以看到三个要素在表格的部位。门窗表表格方向选择向下。

(3)"单元样式"选项区。在单元样式选项区可以对表格的"标题""表头""数据"栏进行格式设置。

首先在下拉列表中选择"数据"。在"常规"选项卡,可以对"数据"栏的"特性"(填充颜色、对齐、格式、类型)和页边距(水平和垂直)进行设置。其中"页边距"是表格中文字到边框的距离,默认值为 1.5。可将其修改为"0",以方便修改表格的行高。

在"文字"选项卡,如图 5-30 所示。可以对文字特性进行设置,文字特性包含"文字样式""文字高度""文字颜色""文字角度"内容。文字样式可以选择已经设置好的文字样式"工程字";也可单击列表框右边带省略号按钮▣,在弹出的"文字样式"对话框中设置新的文字样式,文字样式的设置见第五章第二节。

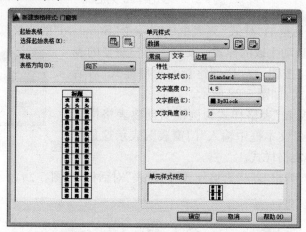

图 5-30 "数据选项"中的"文字"特性

在"边框"选项卡,如图 5-31 所示。可以对单元边框的样式进行设置,边框设置包括线型、线宽、颜色以及是否采用双线和双线间距。边框样式设置好后,通过单击"通过单击上面的按钮将选定的特性应用到边框"文字上面的按钮,将设定好的样式应用到按钮所显示的部位。

"数据"栏设置好后,在单元样式下拉列表中选择"标题",重复上面的设置。然后再在单元样式下拉列表中选择"表头",再重复上面的设置。

在设置边框线宽时,一般将表格的外框设为粗线(比如 0.4 mm),内框设为细线(比如 0.15 mm)。在单元样式设置时,是对"标题""表头""数据"栏分别进行设置。设置方法如下:

①单元样式选择"标题",线宽选择 0.4 mm,单击▣按钮,将"标题"栏外边框设置为粗线。

②单元样式选择"表头",线宽选择 0.4 mm,单击▣按钮,将"表头"栏外边框设置为粗线;再选择线宽为 0.15 mm,单击▣按钮将"表头"栏内边框设为细线。

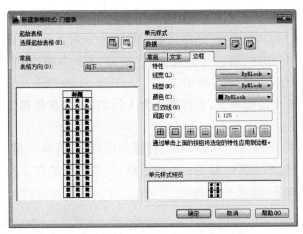

图 5-31　"数据选项"中的"边框"特性

③单元样式选择"数据","数据"栏的内、外边框设置与"表头"栏的内、外边框设置相同。在预览框可以看到设置的边框线宽。

单元样式设置好后,单击"确定"按钮,再单击"关闭"按钮,结束表格样式创建。

二、插入表格

创建完表格样式后,可以在屏幕右上角的"表格样式"下拉列表中选择已创建的"门窗表"作为当前的表格样式。

接下来可以用当前的表格样式在绘图区的适当位置插入一个表格,插入表格命令的激活方式如下:

●下拉菜单:"绘图"⇨"表格"。

●功能区:"常用"选项卡"注释"面板"表格" 按钮。

●功能区:"注释"选项卡"表格"面板"表格" 按钮。

●命令行:TABLE 或 TB。

下面以门窗表为例,说明插入表格的方法步骤。

(1)激活插入表格命令后,系统会弹出"插入表格"对话框,如图 5-32 所示。

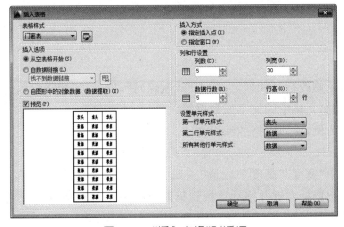

图 5-32　"插入表格"对话框

（2）在对话框的"表格样式"下拉列表中选择"门窗表"；在"插入方式"选项区域中选择"指定插入点"单选按钮；在"列和行设置"选项区域中设置为 5 列 5 行，列宽设为 30，行高为 1 行。在"设置单元样式"选项区中将"第一行单元样式"设为"表头"，将"第二行单元样式"设为"数据"，然后单击"确定"按钮，如图 5-32 所示。

注意：列宽 30 为 30 个绘图单位，而行高 1 为 1 行的高度，具体高度与文字高度和垂直页边距有关。

（3）此时一个空表格出现在光标处，随光标移动而移动，且命令提示区提示指定插入点。移动鼠标到要插入表格处单击将绘制出一个空表格，此时表格的左上角单元格处于文字编辑状态，等待输入数据或文字，如图 5-33 所示。

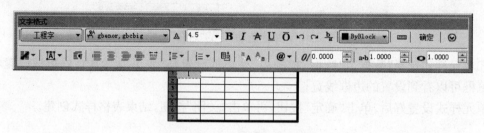

图 5-33　处于编辑状态的表格

（4）在单元格中输入文字"编号"，输入完毕按"Tab"键，则第一行第二列的单元格处于编辑状态，等待输入文字。按此方法，可以给每个单元格输入文字或数据。完成后的门窗表如图 5-34 所示。

编号	宽度	高度	数量	备注
C-1	1800	1600	16	塑钢窗
C-2	900	1800	8	塑钢窗
C-3	1200	1800	6	塑钢窗
M-1	1000	2100	12	防盗门
M-2	900	2100	32	夹板门
M-3	1200	2100	16	塑钢门

图 5-34　在表格中输入的文字和数据

三、编辑表格

表格的编辑包括修改行高和列宽，插入（或删除）行，插入（或删除）列，合并单元格，修改单元格边框特性，编辑单元格中的文字或数据等。

下面以门窗表为例，说明表格的编辑方法。

1. 修改列宽度

设要将门窗表中"宽度""高度""数量"三列的列宽改为 20，操作如下：将光标移到第二列的任意单元格内按下鼠标左键并拖动鼠标到第四列的任一单元格内再松开鼠标左键，则三列内均有单元格被选中，然后右击弹出快捷菜单，如图 5-35 所示。

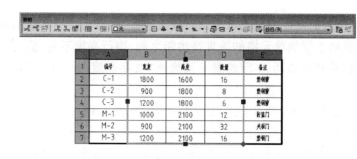

图 5-35　单元格快捷菜单

　　选择"特性"菜单项,弹出"特性"对话框,如图 5-36 所示。将对话框中的"单元宽度"项改为 20。

　　按同样的方法,将第一列和第五列的宽度改为 25(因为这两列不相邻,所以需要分别进行修改)。修改后的门窗表如图 5-37 所示。

图 5-36　"特性"对话框

编号	宽度	高度	数量	备注
C-1	1800	1600	16	塑钢窗
C-2	900	1800	8	塑钢窗
C-3	1200	1800	6	塑钢窗
M-1	1000	2100	12	防盗门
M-2	900	2100	32	夹板门
M-3	1200	2100	16	塑钢门

图 5-37　修改后的门窗表

2. 修改行高度

要修改行高度,只要选中要修改的行(或属于该行的单元格),在"特性"对话框中将单元格高度改为所需高度。

注意:在"特性"对话框中设置的高度为绘图单位,与"插入表格"对话框中的高度不同。若新的行高度小于 4/3 倍的字高和 2 倍的单元格的垂直页边距之和,则行高度不变,因为在创建表格样式时规定了文字高度和垂直页边距,1 行的最小高度="文字高度"+"文字高度"/3+2×"垂直页边距"。

"特性"对话框也可从下拉菜单调出,单击下拉菜单"修改"⇨"特性",即可弹出"特性"对话框。然后选中要修改的单元格,在"特性"对话框中显示单元格的内容均可进修修改。比如:单元的样式、对齐方式、背景填充、边界的颜色线型线宽、单元边距等;以及单元文字的内容、样式、字高、旋转角、颜色等。

3. 插入列(或行)

选中准备插入列(或行)的前面(或后面)的单元格,然后右击弹出快捷菜单,如图 5-38 所示。然后选择快捷菜单中的"列"(或"行")菜单项,弹出子菜单"在左侧插入""在右侧插入""删除"(或"在上方插入""在下方插入""删除"),如图 5-38 所示。根据所要插入的位置选择相应的选项即可。

4. 删除列(或行)

选中要删除的列(或行)任一单元格,右击,在弹出的快捷菜单中选择"列"(或"行"),然后在弹出的子菜单中选择"删除"即可。

5. 合并单元格

选中要合并的单元格并右击,在弹出的快捷菜单中选择"合并",弹出子菜单,如图 5-39 所示。根据需要选择其中的"全部""按行""按列"选项即可。

图 5-38 "插入列"子菜单

图 5-39 "合并单元格"子菜单

例如，要绘制图 5-40 所示的标题栏，可以先插入 4 行（数据行 2 行，标题和表头单元样式均设为数据）6 列的表格，列宽为 25，行高为 1，如图 5-41 所示。然后选中第一、二行前四列，右击，在弹出的快捷菜单中选择"合并"，在弹出的子菜单中选择"全部"，如图 5-42 所示。

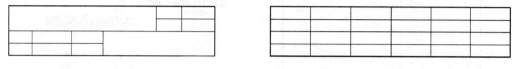

图 5-40　标题栏格式　　　　　　　　　　图 5-41　插入四行 6 列表格

再按同样的方法合并第三、四行后三列单元格，如图 5-43 所示。

最后分别将第一、五列的宽度调整为 15，第三、六列宽度调整为 20，右下角的大单元格宽度调整为 70。至此完成标题栏的绘制，如图 5-43 所示。

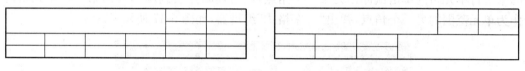

图 5-42　合并第一、二行前四列单元格　　图 5-43　合并第三、四行后三列单元格

6. 编辑单元格中的内容

双击要修改内容的单元格，该单元格就处于编辑状态。此时可以修改单元格中的文字内容。修改完毕单击"确定"按钮或其他单元格。

7. 修改边框特性

选中要修改边框的单元（或行、列、甚至整个表格），右击弹出快捷菜单，选择"边框"菜单项，弹出"单元边框特性"对话框，如图 5-44 所示。对话框的内容与创建表格样式中的"边框特性"内容基本相同。可以根据需要设置内、外边框线的粗度。

例如，要将图 5-37 所示门窗表的表头下面的格线修改成细线，可选中表格的所有单元格（不包括外边框），右击弹出快捷菜单，选中快捷菜单的"边框"菜单项，弹出"单元边框特性"对话框，在对话框的"线宽"下拉列表中选择 0.15 mm，然后在"边框类型"中选择"下边框"按钮 即可。

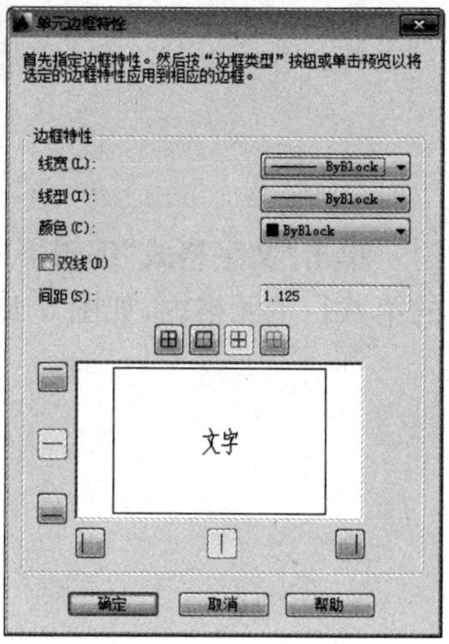

四、对表格进行简单的统计运算

对于数据表格，可以像 Excel 那样对表格进行一些统计运算，并将计算的结果存入某个单元格中。例如上面图 5-37 所示的门窗表，在最后插入一行，并将整个表格的外边框线设置成 0.4 mm。如图 5-45 所示。

接下来要统计门和窗的总数，并将总数存入"数量"列的最下面的单元格。操作如下：

首先单击要存放计算结果的单元格（第 4 列第 8 行），然后右击，在弹出的快捷菜单中选择"插入点"⇨"公式"⇨"求和"菜单项，如图 5-46 所示。

图 5-44　"单元边框特性"对话框

编号	宽度	高度	数量	备注
C-1	1800	1500	16	塑钢窗
C-2	900	1800	8	塑钢窗
C-3	1200	1800	6	塑钢窗
M-1	1000	2100	12	防盗门
M-2	900	2100	32	夹板门
M-3	1200	2100	16	塑钢门

图 5-45　在门窗表最下面插入一行

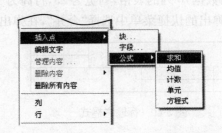

图 5-46　"插入公式"子菜单

单击"求和"菜单项后,命令提示行提示"选择表格单元范围的第一个角点:"此时在"数量"列的第二行单元格内单击鼠标作为第一个角点,然后移动光表到同一列的第七行单元格内单击作为单元范围的另一个角点,弹出"文字格式"编辑器,如图 5-47 所示。

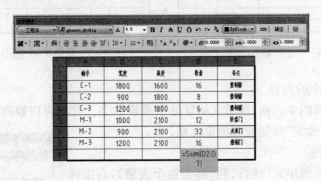

图 5-47　"文字格式"编辑器

单击"文字格式"编辑器的"确定"按钮,完成门窗数量求和的计算,并将总和填在"数量"列的第八行单元格内,如图 5-48 所示。

编号	宽度	高度	数量	备注
C-1	1800	1500	16	塑钢窗
C-2	900	1800	8	塑钢窗
C-3	1200	1800	6	塑钢窗
M-1	1000	2100	12	防盗门
M-2	900	2100	32	夹板门
M-3	1200	2100	16	塑钢门
			90	

图 5-48　统计结果

"公式"子菜单"中的"方程式"可以像 Excel 一样对数据表格的不同行、列的单元格或单元范围进行加、减、乘、除、乘方等运算,此时单元格的数值用该单元格所在的行、列编号表示。

"公式"子菜单"中的"均值"用于计算数据表格的任意单元范围的平均值。

上机实训

实训一　按给出样式绘制并填写标题栏(图 5-49)

15
25
15
(图　名)
材料
比例
数量
图号
制图
审核
(校名、班级)
32(4x8)
15
25
20
135

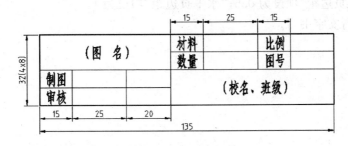

图 5-49　标题栏

1. 目的要求

定制文字样式、创建表格样式、利用表格样式绘制表格、编辑表格。

2. 操作指导

(1)定制文字样式,样式名为 fs,字体文件为"T 仿宋",宽度比例为 0.7。

(2)创建表格样式:打开"新建表格样式"对话框,将"数据"、"表头"、"标题"三个要素的文字样式设为 fs,文字高度设为 5,"常规"选项卡中的"页边距"的水平及垂直距离均设为 0.5。

(3)创建 4 行 7 列的表格。在"插入表格"对话框中,将列数设为 7,列宽为 25;将数据行设为 2 行,行高为 1;将第一、二行单元样式设为数据。

(4)将外边框修改为粗线(0.5 mm)。

(5)调整列宽度和行高,合并单元格。

(6)填写单元格中的文字(统一用 5 号字。若图名、校名要用更大的字,可用多行文字书写)。

实训二　创建图 5-50 所示的表格和说明

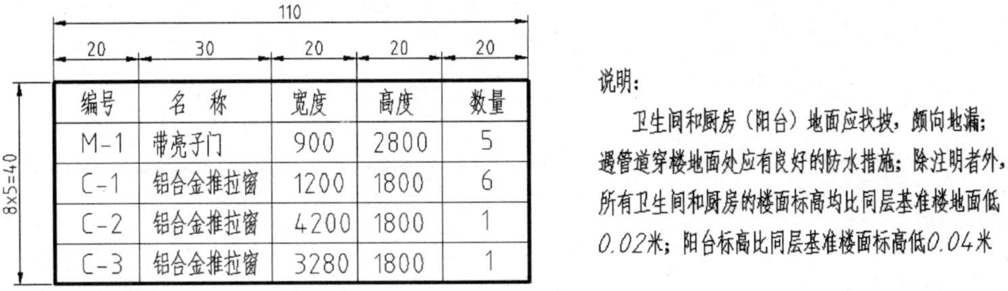

110
20
30
20
20
20
8x5=40
编号
名　称
宽度
高度
数量
M-1
带亮子门
900
2800
5
C-1
铝合金推拉窗
1200
1800
6
C-2
铝合金推拉窗
4200
1800
1
C-3
铝合金推拉窗
3280
1800
1
说明:
卫生间和厨房(阳台)地面应找坡,坡向地漏;
遇管道穿楼地面处应有良好的防水措施;除注明者外,
所有卫生间和厨房的楼面标高均比同层基准楼地面低
0.02米;阳台标高比同层基准楼面标高低0.04米

图 5-50　表格和文字

1. 目的要求

定义工程字文字样式。

2. 操作指导

字体关联文件的 SHX 字体文件为"gbenor. shx",大字体文件为"gbcbig. shx",宽度比例为 1.0。

字高 5 号字。

表格的"垂直页边距"项设为 0.5,"水平页边距"项设为 1。

说明采用多行文字书写。

第六章 尺寸标注

几何图形只能反映设计对象的形状结构,而它们的真实大小和各部分之间的相对位置关系需要通过尺寸标注来确定。因此,尺寸标注是土木工程施工、机械制造及装配的重要依据。AutoCAD 2014 提供了多种方便、准确的标注对象尺寸的方法,使用户可以快速完成工程图样上的尺寸标注。在标注尺寸之前,应该首先了解 AutoCAD 2014 尺寸标注的组成、类型、标注样式的创建和设置方法等。

第一节 尺寸标注的组成与尺寸标注的类型

一、尺寸标注的组成

在土木工程制图或机械制图中,一个完整的尺寸标注应由尺寸界线、尺寸线、尺寸起止符(通常用箭头或 45°短斜线表示)和标注文字等组成,如图 6-1 所示。

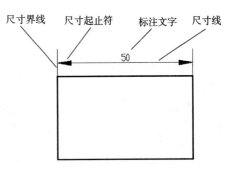

图 6-1 尺寸标注的组成

二、尺寸标注的类型

AutoCAD 2014 提供了多种标注工具用以标注图形对象,分别位于"标注"下拉菜单或"注释"选项卡的"标注"面板,如图 6-2 所示。

(a) "标注"下拉菜单

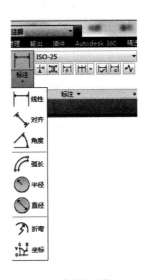

(b) "标注"面板

图 6-2 "标注"下拉菜单和"注释"选项卡的"标注"面板

使用"标注"下拉菜单和"注释"选项卡的"标注"面板可以进行线性、角度、直径、半径、对齐、弧长、连续、引线、折弯、圆心及基线等标注，图 6-3 为常见的尺寸标注类型。

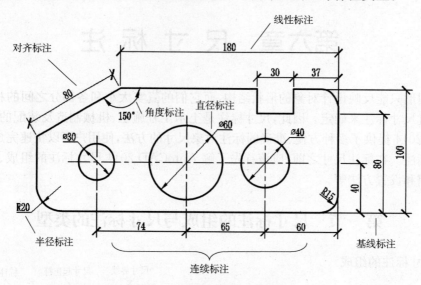

图 6-3　常见的尺寸标注类型

主要标注工具的功能见表 6-1。

表 6-1　AutoCAD 标注命令功能

按钮	功能	命令	说　　明
	线性标注	DIMLINEAR	测量两点间的直线距离，可用来创建水平、垂直或旋转线性标注
	对齐标注	DIMALIGNED	创建尺寸线平行于尺寸界线原点的线性标注，可创建对象的真实长度测量值
	弧长标注	DIMARC	测量圆弧或多段线圆弧分段的弧长
	坐标标注	DIMORDINATE	创建坐标点标注，显示从给定原点测量出来的点的 X 或 Y 坐标
	半径标注	DIMRADIUS	测量圆或圆弧的半径
	折弯标注	DIMJOGGED	折弯标注圆或圆弧的半径
	直径标注	DIMDIAMETER	测量圆或圆弧的直径
	角度标注	DIMANGULAR	测量角度
	快速标注	QDIM	一次选择多个对象，创建标注阵列，例如基线、连续和坐标标注
	基线标注	DIMBASELINE	从上一个或选定标注的基线作连续的线性、角度或坐标标注，都从相同原点测量尺寸
	连续标注	DIMCONTINUE	从上一个或选定标注的第 2 条尺寸界线作连续的线性、角度或坐标标注
	标注间距	DIMSPACE	对平行的线性标注和角度标注之间的间距做同样的调整

续上表

按钮	功能	命令	说　明
⊢╌⊤	折断标注	DIMBREAK	可以使标注、尺寸延伸线或引线在和图形对象相交处断开,可以自动或手动将折断标注添加到标注或多重引线
⊞.1	公差	TOLERANCE	创建形位公差
⊕	圆心标记	DIMCENTER	创建圆和圆弧的圆心标记或中心线
⊢✓⊣	检验	DIMINSPECT	使用户可以有效地传达检查所制造的部件的频率
⋏	折弯线性	DIMJOGLINE	可以将折弯线添加到线性标注,折弯线用于表示不显示实际测量值的标注值,通常,标注的实际测量值小于显示的值

第二节　创建尺寸标注样式

在尺寸标注时,尺寸标注样式控制尺寸界线、尺寸线、标注文字、箭头等的外观和格式。它是一组尺寸标注系统变量的集合。通过建立尺寸标注样式,用户可以设置所有相应的尺寸变量并控制图形中尺寸标注的外观和布局。

一、定义标注样式

AutoCAD 2014 提供了如图 6-4 所示的"标注样式管理器"对话框来创建或设置尺寸标注样式。

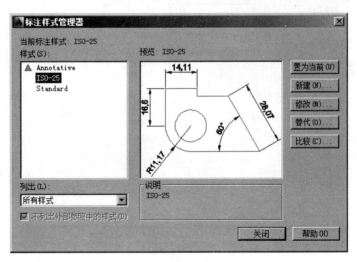

图 6-4　"标注样式管理器"对话框

1. 弹出该对话框的方法
- 命令行:DIMSTYLE。
- 下拉菜单:"格式"⇨"标注样式"。
- 功能区:"常用"选项卡"注释"面板的下拉列表"标注样式" ⬚ 按钮。

2. 创建新标注样式

(1)在"标注样式管理器"对话框中单击"新建"按钮,弹出如图 6-5 所示"创建新标注样式"对话框。

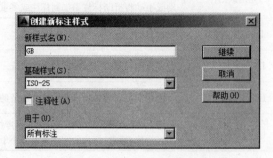

图 6-5 "创建新标注样式"对话框

(2)在"新样式名"文本框中输入要创建的尺寸标注样式的名称,如 GB。

(3)在"基础样式"下拉列表中选择一种基础样式,新样式将在该基础样式的基础上进行修改。

(4)在"用于"下拉列表中指定新建标注样式的应用范围,包括"所有标注"、"线性标注"、"角度标注"、"半径标注"、"直径标注"、"坐标标注"和"引线与公差"等选项。

(5)单击该对话框中的"继续"按钮,弹出图 6-6 所示"新建标注样式:GB"对话框。

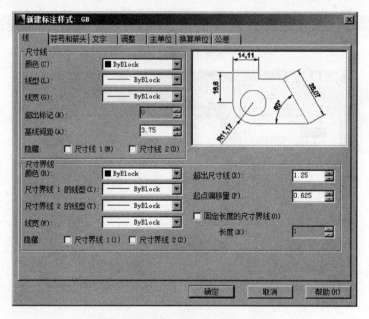

图 6-6 "新建标注样式"对话框

(6)在"新建标注样式:GB"对话框中,可以对尺寸标注的各种变量进行设置,完成设置后,单击确定按钮返回"标注样式管理器"对话框,在"样式"列表框中就有了一个新的尺寸标注样式"GB"。

(7)选择该样式,单击"置为当前"按钮可以使其成为当前样式。

二、设置"线"选项卡

单击如图 6-6 所示"新建标注样式"对话框中的"线"选项卡,用户可以设置尺寸线、尺寸界线的格式和位置。

1. 设置尺寸线

在"尺寸线"选项组中,可以设置尺寸线的颜色、线型、线宽、超出标记以及基线间距等属性。其各选项的功能如下:

(1)"颜色"下拉列表框:用于设置尺寸线的颜色。默认尺寸线的颜色为随块。

(2)"线型"下拉列表框:用于设置尺寸线的线型。

(3)"线宽"下拉列表框:用于设置尺寸线的宽度。默认情况下,尺寸线的线宽也是随块。

(4)"超出标记"文本框:当尺寸起止符号采用倾斜、建筑标记、小点、积分或无标记等样式时,使用该文本框可以设置尺寸线超出尺寸界线的长度。

(5)"基线间距"文本框:进行基线尺寸标注时,可以设置各尺寸线之间的距离。基线间距如图 6-7 所示。

(6)"隐藏"选项组:通过选择"尺寸线 1"或"尺寸线 2"复选框,可以隐藏第 1 段或第 2 段尺寸线及其相应的起止符号。

2. 设置尺寸界线

在"尺寸界线"选项组中,可以设置尺寸界线的颜色、线宽、超出尺寸线的长度和起点偏移量、隐藏控制等属性。其各选项的功能如下:

(1)"颜色"下拉列表框:用于设置尺寸界线的颜色。

(2)"尺寸界线 1"和"尺寸界线 2"下拉列表框:分别用于设置尺寸界线 1 和尺寸界线 2 的线型。

(3)"线宽"下拉列表框:用于设置尺寸界线的宽度。

(4)"超出尺寸线"文本框:用于设置尺寸界线超出尺寸线的长度,如图 6-7 所示。

(5)"起点偏移量"文本框:用于设置尺寸界线的起点与标注定义点的距离,如图 6-7 所示。

(6)"隐藏"选项组:通过选择"尺寸界线 1"或"尺寸界线 2"复选框,可以隐藏尺寸界线。

(7)"固定长度的尺寸界线"复选框:选中该复选框,可以使用具有特定长度的尺寸界线标注图形,其中在"长度"文本框中可以输入尺寸界线的长度数值。

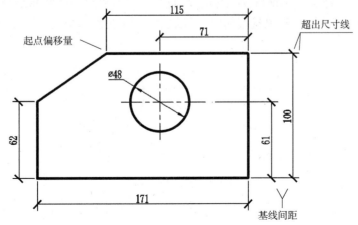

图 6-7　设置基线间距、超出尺寸线和起点偏移量

三、设置"符号和箭头"选项卡

在"新建标注样式"对话框中,使用"符号和箭头"选项卡可以设置箭头、圆心标记、折断标注、弧长符号、半径折弯标注和线性折弯标注的格式与位置,如图 6-8 所示。

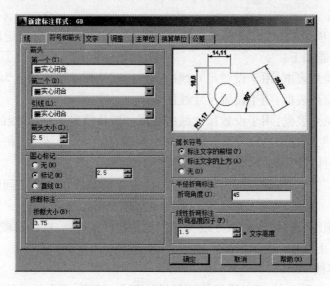

图 6-8 "符号和箭头"选项卡

1. 箭头

在"箭头"选项组中,可以设置尺寸线和引线的箭头类型及长度等。一般情况下,尺寸线两端的箭头应一致。

为了满足不同类型的图形标注需要,AutoCAD 设置了 20 多种箭头样式。用户可以从对应的下拉列表框中选择箭头,并在"箭头大小"文本框中设置其大小。

2. 圆心标记

在"圆心标记"选项组中,可以设置圆心标记的类型和大小。"类型"下拉列表框用于设置圆或圆弧的圆心标记类型,如"标记"、"直线"和"无"。其中,选择"无"选项,则没有任何标记;选择"标记"选项,可对圆或圆弧绘制圆心标记;选择"直线"选项,可对圆或圆弧绘制中心线,如图 6-9 所示。当选择"标记"或"直线"单选按钮时,可以在"大小"文本框中设置圆心标记的大小。

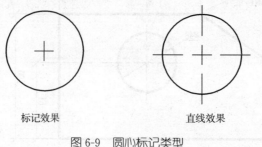

标记效果　　　　　　　　　直线效果

图 6-9 圆心标记类型

3. 折断标注

当使用折断标注命令时,用于设置尺寸或引线被对象折断后,尺寸线等断开处的间隔距离值,默认为 3.75,如图 6-10 所示。

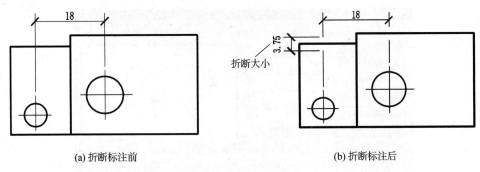

图 6-10　折断标注示意图

4. 弧长符号

在"弧长符号"选项组中,可以设置弧长符号显示的位置,包括"标注文字的前缀""标注文字的上方"和"无"3 种方式,依次如图 6-11 所示。

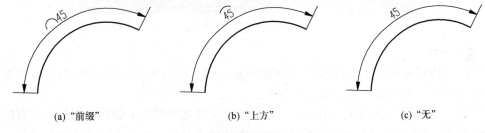

图 6-11　设置弧长符号的位置

5. 半径折弯标注

在"半径折弯标注"选项组的"折弯角度"文本框中,可以设置在标注大圆弧半径时,标注线的折弯角度大小,默认值为 45°,标注效果如图 6-12 所示。

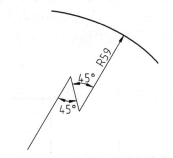

图 6-12　半径折弯标注的折弯角度

6. 线性折弯标注

在"线性折弯标注"选项组的"折弯高度因子"文本框中,可以设置在线性折弯标注时,标注线的折弯高度是标注文字高度的因子倍数。

四、设置"文字"选项卡

"新建标注样式"对话框中的"文字"选项卡如图 6-13 所示,用户可以在其中设置标注文字的外观、位置和对齐方式。

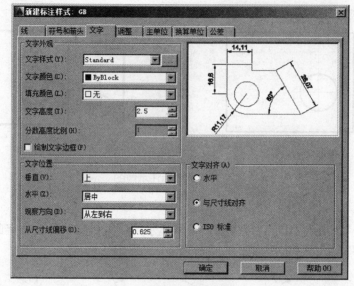

图 6-13 "文字"选项卡

1. 文字外观

在"文字外观"选项组中,可以设置文字的样式、颜色、高度和分数高度比例,以及控制是否绘制文字边框等。其各选项的功能说明如下:

(1)"文字样式"下拉列表框:用于显示和设置标注的文字样式。若当前图形中没有定义所需的文字样式,可以单击其后的 ⬚ 按钮,弹出"文字样式"对话框,从中新建文字样式。

(2)"文字颜色"下拉列表框:用于设置标注文字的颜色。

(3)"填充颜色"下拉列表框:用于设置标注文字的背景颜色。

(4)"文字高度"文本框:用于设置标注文字的高度。

(5)"分数高度比例"文本框:用于设置标注文字中的分数相对于其他标注文字的比例,AutoCAD 将该比例值与标注文字高度的乘积作为分数的高度。

(6)"绘制文字边框"复选框:用于设置是否给标注文字加边框,如图 6-14 所示。

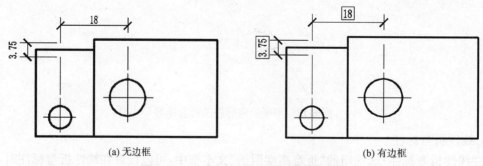

图 6-14 文字无边框与有边框效果对比

2. 文字位置

在"文字位置"选项组中,可以设置文字的垂直、水平位置以及从尺寸线的偏移。其各选项的功能说明如下:

(1)"垂直"下拉列表框：用于设置标注文字相对于尺寸线在垂直方向的位置，包括"居中"、"上"、"外部"、"JIS"（日本工业标准）和"下"五个选项。位置效果如图6-15所示。

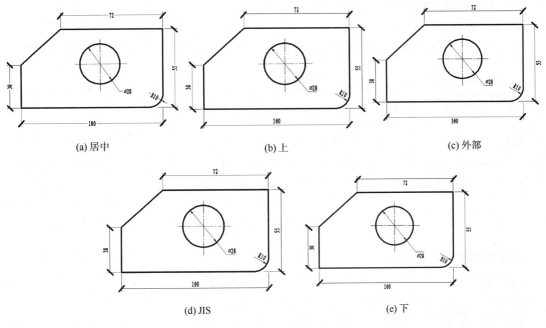

图6-15　文字垂直位置的5种形式

(2)"水平"下拉列表框：用于设置标注文字相对于尺寸线和尺寸界线在水平方向的位置，有"居中"、"第一条尺寸界线"、"第二条尺寸界线"、"第一条尺寸界线上方"和"第二条尺寸界线上方"选项。设置结果如图6-16所示。

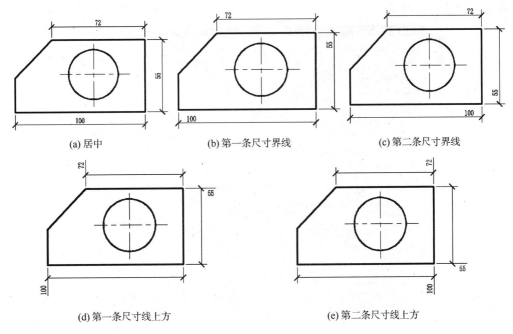

图6-16　文字水平位置

（3）"从尺寸线偏移"文本框：用于设置标注文字与尺寸线之间的距离。若标注文字位于尺寸线的中间，则表示断开处尺寸线端点与尺寸文字的间距。若标注文字带有边框，则可以控制文字边框与其中文字的距离。

3. 文字对齐

在"文字对齐"选项组中，可以设置标注文字是保持水平还是与尺寸线平行，如图 6-17 所示。

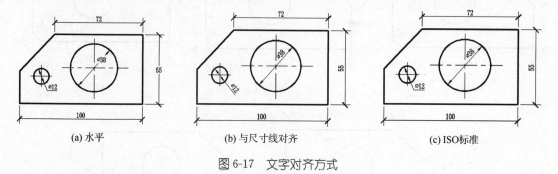

(a) 水平   (b) 与尺寸线对齐   (c) ISO标准

图 6-17   文字对齐方式

其各选项的功能说明如下：

（1）"水平"单选按钮：选择该单选按钮时，标注的文字将水平放置。

（2）"与尺寸线对齐"单选按钮：选择该单选按钮时，标注文字将与尺寸线平行。

（3）"ISO 标准"单选按钮：选择该单选按钮时，标注文字按 ISO 标准放置。当标注文字在尺寸界线之内时，与尺寸线平行，而在尺寸界线之外时将水平放置。

五、设置"调整"选项卡

在"新建标注样式"对话框中，可以使用"调整"选项卡设置调整标注文字、尺寸线、尺寸箭头的位置，如图 6-18 所示。

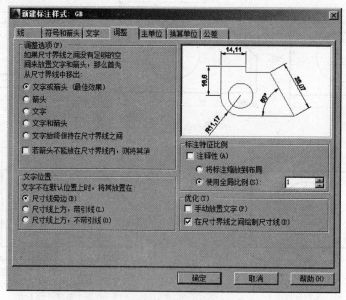

图 6-18   "调整"选项卡

1. 调整选项

在"调整选项"选项组中,可以确定当尺寸界线之间没有足够的空间同时放置标注文字和箭头时,应从尺寸界线之间移出对象,如图 6-19 所示。

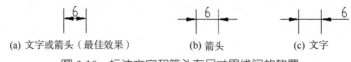

(a) 文字或箭头（最佳效果）　　　(b) 箭头　　　(c) 文字

图 6-19　标注文字和箭头在尺寸界线间的放置

其各选项的功能说明如下:

(1)"文字或箭头,取最佳效果"单选按钮:选择该单选按钮时,系统自动将文字或箭头选择最佳位置放置。

(2)"箭头"单选按钮:选择该单选按钮可首先将箭头移出。

(3)"文字"单选按钮:选择该单选按钮可首先将文字移出。

(4)"文字和箭头"单选按钮:选择该单选按钮可将文字和箭头都移出。

(5)"文字始终保持在尺寸界线之间"单选按钮:选择该单选按钮可将文字始终保持在尺寸界限之内。

(6)"若不能放在尺寸界线内,则消除箭头"复选框:选中该复选框,如果尺寸界线之间的空间不足以容纳箭头,则隐藏箭头。

2. 文字位置

在"文字位置"选项组中,可以设置文字从默认位置移动时文字的位置,如图 6-20 所示。

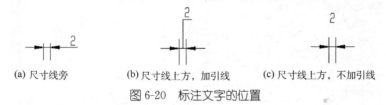

(a) 尺寸线旁　　　(b) 尺寸线上方,加引线　　　(c) 尺寸线上方,不加引线

图 6-20　标注文字的位置

其各选项的功能如下:

(1)"尺寸线旁边"单选按钮:移动文字,尺寸线跟随着动。

(2)"尺寸线上方,加引线"单选按钮:移动文字,尺寸线不动,并自动加上引线。

(3)"尺寸线上方,不加引线"单选按钮:移动文字,尺寸线不动,也不加引线。

3. 标注特征比例

在"标注特征比例"选项组中,可以设置标注尺寸的特征比例,以便通过设置全局比例因子来放大或缩小标注尺寸各构成要素的大小,注意改变特征比例时,尺寸测量值的大小不变,如图 6-21 所示。

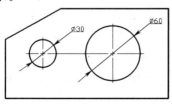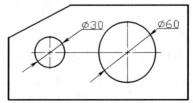

(a) 设置全局比例为1　　　　　　　(b) 设置全局比例为1.5

图 6-21　使用全局比例控制标注尺寸

其各选项的功能如下：

（1）"使用全局比例"单选按钮：选择该单选按钮，可以对全部尺寸标注设置缩放比例，该比例不改变尺寸的测量值。

（2）"将标注缩放到布局"单选按钮：选择该单选按钮，可以根据当前模型空间视口与图纸空间之间的缩放关系设置比例。

4. 优化

在"优化"选项组中，可以对标注文字和尺寸线作细微调整，该选项组包括以下两个复选框。

（1）"手动放置文字"复选框：选中该复选框，在标注时可将标注文字放置在鼠标指定的位置。

（2）"在尺寸界线之间绘制尺寸线"复选框：选中该复选框，当尺寸箭头放置在尺寸界线之外时，强制在尺寸界线之内绘制尺寸线。

六、设置"主单位"选项卡

在"新标注样式"对话框中，可以使用"主单位"选项卡设置主单位的格式与精度等属性，如图 6-22 所示。

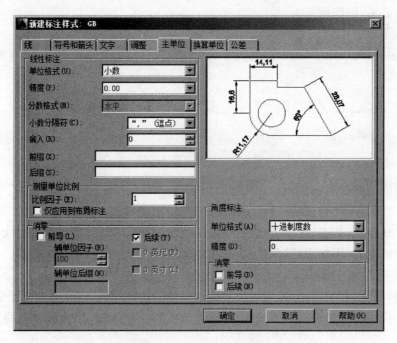

图 6-22 "主单位"选项卡

1. 线性标注

在该选项组中，可以设置线性标注的单位格式与精度。其各选项功能如下：

（1）"单位格式"下拉列表框：用于设置除角度标注之外的其他标注类型的尺寸单位。包括"科学"、"小数"、"工程"、"建筑"、"分数"及"Windows 桌面"等选项。

（2）"精度"下拉列表框：用于设置除角度标注之外的其他标注的尺寸精度。

（3）"分数格式"下拉列表框：用于设置分数型尺寸文字的标注格式。

（4）"小数分隔符"下拉列表框：设置小数的分隔符，包括"逗点"、"句点"和"空格"3种方式。

（5）"舍入"文本框：用于设置除角度标注外的尺寸测量值的舍入值。

（6）"前缀"和"后缀"文本框：设置标注文字的前缀和后缀，在相应的文本框中输入字符即可。

（7）"测量单位比例"选项组：使用"比例因子"文本框可以设置测量尺寸的缩放比例，AutoCAD的实际标注值为测量值与该比例的乘积。选中"仅应用到布局标注"复选框，可以设置该比例关系仅适用于布局。

注意：当图形不是用1:1的比例绘制时，将"比例因子"设置成绘图比例的倒数，可使所标注的尺寸数值为实际尺寸。

（8）"消零"选项组：可以设置是否显示尺寸标注中的前导和后续零。

2. 角度标注

在"角度标注"选项组中，可以使用"单位格式"下拉列表框设置标注角度时的单位，使用"精度"下拉列表框设置标注角度的尺寸精度，使用"消零"选项组设置是否消除角度尺寸的前导和后续零。

七、设置"单位换算"选项卡

在"新建标注样式"对话框中，可以使用"换算单位"选项卡设置换算单位的格式，如图6-23所示。

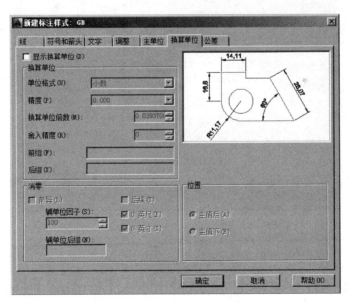

图 6-23 "换算单位"选项卡

通过换算标注单位，可以转换使用不同测量单位制的标注，通常显示英制标注的等效公制标注，或公制标注的等效英制标注。在标注文字中，换算标注单位显示在主单位旁边的方括号[]中，如图6-24所示。

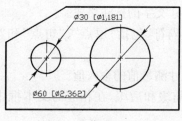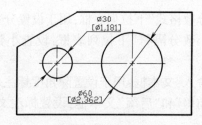

主值后 主值下

图 6-24 使用换算单位

当选中"显示换算单位"复选框后,对话框的其他选项才可用。设置换算单位的"单位格式"、"精度"、"换算单位乘数"、"舍入精度"、"前缀"、"后缀"及"消零"等的方法与设置主单位的方法相同。

在"位置"选项组中,可以设置换算单位的位置,包括"主值后"和"主值下"两种方式。

八、设置"公差"选项卡

在"新建标注样式"对话框中,可以使用"公差"选项卡设置是否标注公差,以及以何种方式进行标注,如图 6-25 所示。

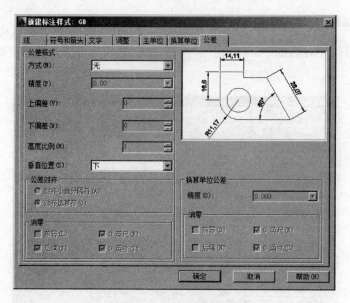

图 6-25 "公差"选项卡

第三节 定制土木工程图的标注样式及子样式

根据相关《技术制图》国家标准,标注各选项及参数设置如下:

(1)选择下拉菜单:"格式"→"标注样式",弹出"标注样式管理器"对话框(图 6-4)。

(2)在"标注样式管理器"中,单击"新建"按钮,弹出"创建新标注样式"对话框(图 6-5)。

(3)在"创建新标注样式"的"新样式名"中,用户可自行命名,例如输入"GB"作为新样式名。

(4)单击"继续"按钮,弹出"新建标注样式:GB"对话框(图 6-26)。

(5)选择"线"选项卡(图 6-26):

①将"尺寸线"栏中的"基线间距":改为 7。

②将"尺寸界线"栏中的"超出尺寸线":改为 2、"起点偏移量":改为 1 或默认。

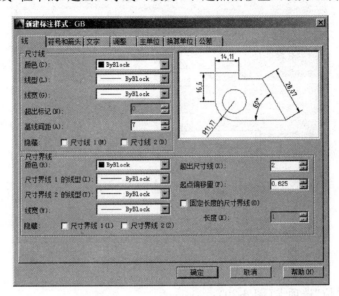

图 6-26 "线"选项卡设置

(6)"符号和箭头"选项卡中的"箭头大小":为默认值 2.5(图 6-27);(注:此处是设置主样式,不需改动,设置完主样式,在后面设置各子样式时,尺寸起止符如果是箭头,大小为 2.5;如果是 45°短划线,可改为 1.5 或 2)。

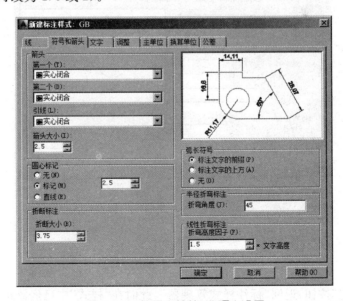

图 6-27 "符号和箭头"选项卡设置

(7)选择"文字"选项卡(图 6-28):

①从"文字外观"栏中的"文字样式"下拉表中,选择"GB"(前述文字样式已设定);

②将"文字高度":改为 3.5。

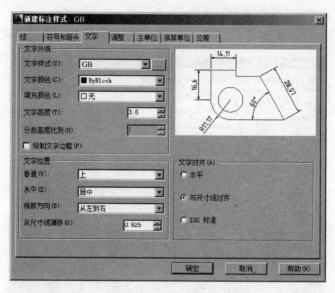

图 6-28 "文字"选项卡设置

(8)选择"主单位"选项卡(图 6-29):

①将"线性标注"栏中的"精度":选为 0;

②其余为默认选项。

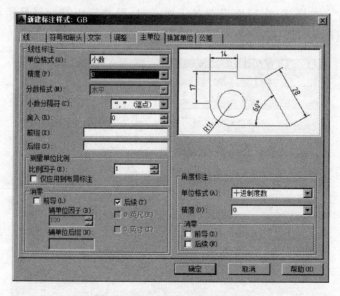

图 6-29 "主单位"选项卡设置

(9)单击"确定"按钮,返回"标注样式管理器",此时在"样式"中已经添加"GB"(图 6-30)。

以下基于标注样式 GB,创建其子样式:线性标注见步骤(10)～(13)、角度标注见步骤

(14)~(18),半径标注和直径标注见步骤(19)~(26)。

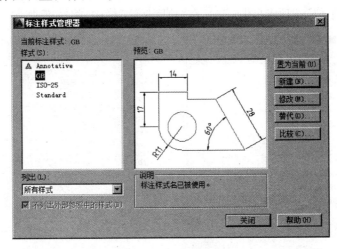

图 6-30 添加"GB"样式

(10)单击"新建"按钮,创建"线性标注"子样式。

(11)在弹出的"创建新标注样式"对话框中,如图 6-31 所示,在"用于"下拉表中选择"线性标注",再单击"继续"按钮,对"线性标注"子样式进行设置。

(12)在弹出的"新建标注样式:GB:线性"对话框中(图 6-32),选择"符号和箭头"选项卡,在"符号和箭头"栏中的"第一个"、"第二个"下拉列表中均选择"建筑标记"或"倾斜",在"箭头大小"下拉框内设置为 1.5。

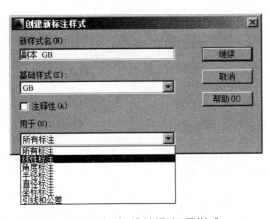

图 6-31 新建"线性标注"子样式

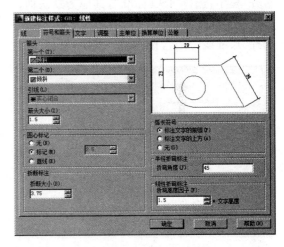

图 6-32 "线性标注"设置

(13)单击"确定"按钮,完成线性标注设置,回到"标注样式管理器"对话框。

(14)单击"新建"按钮,创建"角度标注"子样式。

(15)在弹出的"创建新标注样式"对话框中(图 6-31),在"用于"下拉表中选择"角度标注",再单击"继续"按钮,对"角度标注"子样式进行设置。

(16)在弹出的"新建标注样式:GB:角度"对话框中(图 6-33),选择"文字"选项卡,在"文字位置"栏中的"垂直"下拉表中选择"外部";在"文字对齐"栏中,选择"水平",其他默认。

（17）选择"主单位"选项卡（图 6-34）,在"角度标注"栏中,将精度改为"0.0",其他默认。

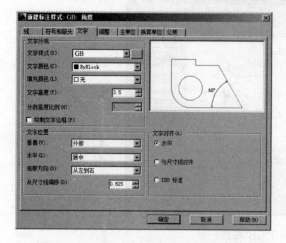
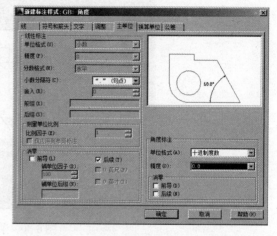

图 6-33 "角度标注"子样式"文字"选项卡   图 6-34 "角度标注"子样式"主单位"选项卡

（18）单击"确定"按钮,完成角度标注设置,回到"标注样式管理器"对话框。

（19）单击"新建"按钮,创建"半径标注"子样式。

（20）在弹出的"创建新标注样式"对话框中（图 6-31）,在"用于"下拉表中选择"半径标注",再单击"继续"按钮。

（21）在弹出的"新建标注样式:GB:半径"对话框中（图 6-31）,选择"文字"选项卡,在"文字对齐"栏中,选择"ISO 标准",其他为默认项;

（22）选择"调整"选项卡（图 6-36）,在"调整选项"栏中,选择"文字";在"文字位置"栏中,选择"尺寸线旁边",在"优化"栏中,选择"标注时手动放置文字";其他为默认项。

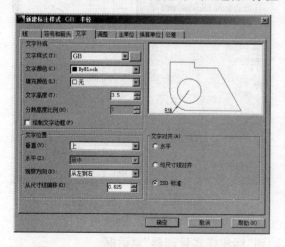
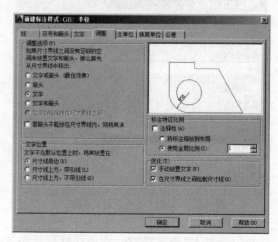

图 6-35 "半径标注"子样式"文字"选项卡   图 6-36 "半径标注"子样式"调整"选项卡

（23）单击"确定"按钮,完成半径标注设置,回到"标注样式管理器"对话框。

（24）单击"新建"按钮,创建"直径标注"子样式。

（25）在弹出的"创建新标注样式"对话框中（6-31）,在"用于"下拉表中选择"直径标注",再单击"继续"按钮。

(26)接下来的步骤和设置值同"半径标注"步骤(21)～(22)。

(27)尺寸标注样式"GB"及其子样式创建完成后,"标注样式管理器"中显示(图 6-37),选择"GB",并依次单击"置为当前"按钮和"关闭"按钮。

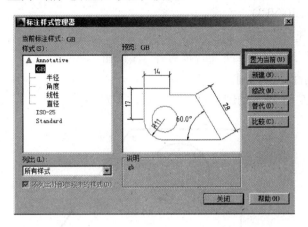

图 6-37 尺寸标注样式"GB"及其子样式

注意:设置好尺寸标注样式 GB 之后,一定要将尺寸标注样式 GB"置为当前"。

第四节 标注长度型尺寸

长度型尺寸标注是指用于标注线段两点间的长度,这些点可以是端点、交点、圆弧弦线端点或能够识别的任意两个点。长度型尺寸标注包括多种类型,如线性标注、对齐标注、弧长标注、快速标注、基线标注和连续标注等。下面依次介绍这些标注的使用方法。

一、线性标注

线性标注用于标注当前坐标系 XY 平面中的两个点之间的水平或竖直方向的距离测量值,通过指定线段两点或选择一个对象来实现。

激活线性标注命令的方法如下:

●命令行:DIMLINEAR。

●下拉菜单:"标注"⇨"线性"。

●功能区:"注释"选项卡"标注"面板"线性标注"⊢按钮。

执行命令后,命令行提示如下:

指定第一条尺寸界线原点或＜选择对象＞:(指定第一条尺寸界线的原点,或按 Enter 键选择标注对象)

指定第二条尺寸界线原点:(指定第二条尺寸界线的原点)

指定尺寸线位置或[多行文字(M)/文字(T)/角度(A)/水平(H)/垂直(v)/旋转(R)]:(指定尺寸线的位置,系统将自动测量出两个尺寸界线原点间的水平或竖直距离并注出尺寸)

注意:在指定尺寸界线原点时,一定要利用对象捕捉功能,精确地拾取标注对象的特征点。

二、对齐标注

对齐标注用于标注斜线的长度。

激活对齐标注命令的方法如下：

● 命令行：DIMALIGNED。

● 下拉菜单："标注" ➪ "对齐"。

● 功能区："注释"选项卡"标注"面板"对齐" ➘ 按钮。

命令行提示与线性标注相同。

【例 6-1】 对图 6-38 所示的图形进行线性标注和对齐标注。

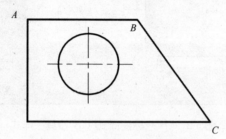

图 6-38　要标注的原始图形

命令：_dimlinear

指定第一条尺寸界线原点或 ＜选择对象＞：(捕捉 A 点)

指定第二条尺寸界线原点：(捕捉 B 点)

指定尺寸线位置或

［多行文字(M)/文字(T)/角度(A)/水平(H)/垂直(V)/旋转(R)］：(在线段 AB 上方合适位置单击鼠标)

标注文字＝70

命令：_dimaligned

指定第一条尺寸界线原点或 ＜选择对象＞：(捕捉 B 点)

指定第二条尺寸界线原点：(捕捉 C 点)

指定尺寸线位置或

［多行文字(M)/文字(T)/角度(A)］：(在线段 BC 右侧合适位置单击鼠标)

标注文字＝79

标注结果如图 6-39 所示。

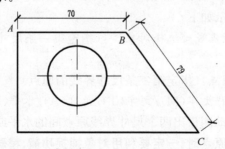

图 6-39　线性标注和对齐标注的尺寸

三、基线标注

基线标注指各尺寸线从同一尺寸界线处引出，如图 6-40 所示。

激活基线标注命令的方法如下：

●命令行：DIMBASELINE。

●下拉菜单："标注"⇨"基线"。

●功能区："注释"选项卡"标注"面板"基线" 按钮。

执行此命令，可以创建一系列由相同的标注原点测量出来的标注。

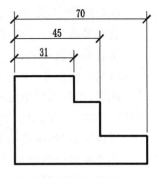

图 6-40　基线标注

基线标注在标注之前，首先必须要创建（或选择）一个线性标注、坐标标注或角度标注作为基准标注，以确定基线标注所需要的前一尺寸标注的尺寸界线，然后执行基线标注命令，此时命令行提示如下：

指定第二条尺寸界线原点或[放弃(U)/选择(S)]<选择>：

在该提示下，如果以刚刚执行完的一个标注为基准，用户可以直接指定下一个尺寸的第二条尺寸界线的原点。如果不以刚刚执行完的线性标注为基准，那么用户需要按 Enter 键以选择已有的线性标注为基准。AutoCAD 将按基线标注方式标注出尺寸，直到按下两次 Enter 键结束命令为止。

四、连续标注

连续标注是指一系列首尾相连的尺寸标注，相邻两尺寸线共用同一尺寸界线，如图 6-41 所示。

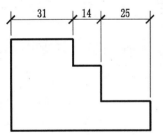

图 6-41　连续标注

激活连续标注命令的方法如下：

●命令行：DIMCONTINUE。

●下拉菜单："标注"⇨"连续"。

●功能区："注释"选项卡"标注"面板"连续" 按钮。

执行此命令，可以创建一系列端对端放置的标注，每个连续标注都从前一个标注的第二个尺寸界线处开始计量。

与基线标注一样，在进行连续标注之前，必须先创建（或选择）一个线性标注、坐标标注或角度标注作为基准标注，以确定连续标注所需要的前一尺寸标注的尺寸界线，然后执行连续标注命令，此时命令行提示和执行过程与基线标注均相同。

五、折弯线性

用于在线性标注或对齐标注中添加或删除"Z"字形的折弯线。折弯的高度由标注样式中的线性折弯大小值决定。将折弯添加到线性标注后，可以使用夹点编辑来定位和移动折弯位置。用户也可以在标注样式中"直线和箭头"下的"特性"选项板上调整线性标注上折弯符号的高度。

激活折弯线性标注命令的方法如下：

●命令行：DIMJOGLINE。

●菜单："标注"⇨"折弯线性"。

●功能区："注释"选项卡"标注"面板"折弯线性"$\wedge$按钮。

执行此命令，命令行会提示：

选择要添加折弯的标注或［删除（R）］：（指定要向其添加折弯的线性标注或对齐标注）

接着系统将提示：

指定折弯位置（或按 ENTER 键）：

此时，用户可以指定一点作为折弯位置，或按 ENTER 键以将折弯放在标注文字和第一条尺寸界线之间的中点处，或基于标注文字位置的尺寸线的中点处。

若在提示"选择要添加折弯的标注或［删除（R）］"时选择"删除（R）"系统会提示：

选择要删除的折弯：（指定要从中删除折弯的线性标注或对齐标注）

此时，折弯将从线性标注或对齐标注中删除。

折弯标注示例如图 6-42 所示。

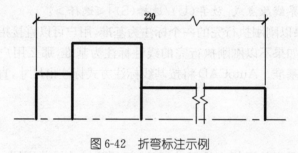

图 6-42　折弯标注示例

第五节　标注半径、直径和角度

在 AutoCAD 中，常常会遇到半径、直径、和角度等尺寸的标注。此时，用户可以使用"半径"、"直径"、和"角度"命令对其进行尺寸标注。

一、半径标注

半径标注可以标注圆和圆弧的半径。

激活半径标注命令的方法如下：

●命令行：DIMRADIUS。

●下拉菜单："标注"⇨"半径"。

●功能区："注释"选项卡"标注"面板"半径"⊙按钮。

执行该命令过程如下：

命令：_dimradius

选择圆弧或圆：（选择要标注半径的圆或圆弧）

指定尺寸线位置或［多行文字（M）/文字（T）/角度（A）］：（指定尺寸线的位置或选择选项来设置尺寸文字）

注意：当通过"多行文字（M）"和"文字（T）"选项重新确定尺寸文字时，只有给输入的尺寸

文字加前缀 **R**,才能使标出的半径尺寸有半径符号 **R**,否则没有该符号。

图 6-43 所示为半径标注示例。

图 6-43 半径标注

二、折弯标注

圆弧或圆的中心位于布局之外并且无法在其实际位置显示时,使用"折弯标注"命令可以创建折弯半径标注,也称为"缩放的半径标注"。它与半径标注方法基本相同,只是可以在更方便的位置指定标注的原点代替圆或圆弧的圆心。

激活折弯标注命令的方法如下:

●命令行:DIMJOGGED。

●下拉菜单:"标注"➪"折弯"。

●功能区:"注释"选项卡"标注"面板"折弯" 按钮。

执行该命令过程如下:

命令:_dimjogged

选择圆弧或圆:(选择圆弧 D)

指定中心位置替代:(拾取 A 点)

指定尺寸线位置或 [多行文字(M)/文字(T)/角度(A)]:(拾取 B 点)

指定折弯位置:(拾取 C 点)

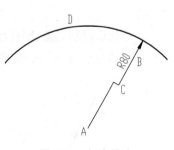

图 6-44 所示为折弯标注示例,此时,标注样式中"折弯标注"的折弯角度设置为 90°。圆心替代位置、折弯位置和尺寸线均可通过夹点操作进行编辑修改。

图 6-44 折弯标注

三、直径标注

直径标注可以标注圆和圆弧的直径尺寸。

激活直径标注命令的方法如下:

●命令行:DIMDIAMETER。

●下拉菜单:"标注"➪"直径"。

●功能区:"注释"选项卡"标注"面板"直径" 按钮。

执行该命令过程如下:

命令:_dimdiameter

选择圆弧或圆:(选择要标注直径的圆或圆弧)

指定尺寸线位置或 [多行文字(M)/文字(T)/角度(A)]:(指定尺寸线的位置)

注意:当通过"多行文字(M)"和"文字(T)"选项重新确定尺寸文字时,需要在尺寸文字前加前缀%%C,才能使标出的直径尺寸有直径符号 Φ。

四、角度标注

角度标注可以标注圆弧的圆心角、两条非平行直线间的夹角，或者不共线的三点间的夹角。

激活角度标注命令的方法如下：

● 命令行：DIMANGULAR。

● 下拉菜单："标注"⇨"角度"。

● 功能区："注释"选项卡"标注"面板"角度"△按钮。

执行该命令过程如下：

命令：_dimangular

选择圆弧、圆、直线或〈指定顶点〉：[选择图(a)中的斜线段]

指定角的第二个端点：[选择图(a)中的水平线段]

指定标注弧线位置或［多行文字(M)/文字(T)/角度(A)］：(向右上角拉出弧线的位置)

结果如图 6-45(a)所示。

在"选择圆弧、圆、直线或〈指定顶点〉："提示下用户可以选择圆或圆弧，或直接按 Enter 键。

(1)如选择圆弧对象，系统会自动标注出圆弧起点和终点围成的扇形角度，如图 6-45(b)所示。

(2)如选择圆对象，则标注出拾取的第一点和第二点间围成的扇形角度，如图 6-45(c)所示。

(3)如直接按 Enter 键，则可标注出三点间的夹角，且选取的第一点为夹角顶点。

(a)　　　　　　　　(b)　　　　　　　　(c)

图 6-45　角度标注

第六节　快速标注

快速标注是指可以一次性标注连续或基线或并列的尺寸，可以一次性标注多个圆或圆弧的直径或半径。

激活快速标注命令的方法如下：

● 命令行：QDIM。

● 下拉菜单："标注"⇨"快速标注"。

● 功能区："注释"选项卡"标注"面板"快速标注"按钮。

执行"快速标注"命令,命令行将提示如下:

关联标注优先级＝端点

选择要标注的几何图形:(选择需要标注尺寸的各图形对象)

指定尺寸线位置或[连续(C)/并列(S)/基线(B)/坐标(O)/半径(R)/直径(D)/基准点(P)/编辑(E)/设置(T)]<连续>:(分别选择"连续(C)"、"并列(S)"、"基线(B)"、"半径(R)"及"直径(D)")图 6-46 为快速标注的示例。

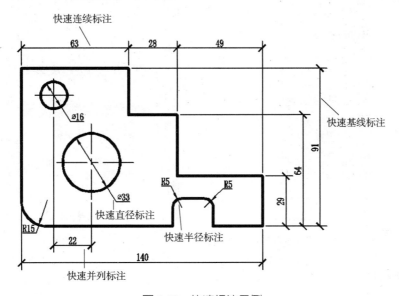

图 6-46　快速标注示例

第七节　尺寸编辑

在 AutoCAD 中,用户可以对已经创建好的尺寸标注进行编辑修改,包括修改尺寸文字的内容、改变其位置、使尺寸文字倾斜一定角度等,还可以对尺寸界线进行编辑,而不必删除所标注的尺寸对象再重新进行标注。

可以使用 AutoCAD 的编辑命令或夹点来编辑标注的位置;当选中要编辑的尺寸标注,在绘图区单击右键时,AutoCAD 显示一个快捷菜单,快捷菜单上有编辑命令,如图 6-47 所示。在快捷菜单上选择"特性(S)",则显示"特性"窗口,如图 6-48 所示,用户也可以通过此"特性"窗口来修改标注。用户还可以用"标注样式管理器"修改标注的样式。

一、编辑已标注尺寸的尺寸样式(标注更新)

1."标注更新"命令

用当前标注样式来更新图形中尺寸对象的原有标注样式,激活标注更新命令的方法如下。

●功能区:"注释"选项卡"标注"面板"标注更新" 按钮。

●下拉菜单:"标注"⇨"更新"。

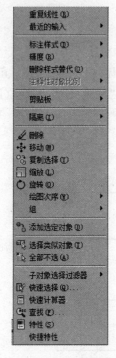

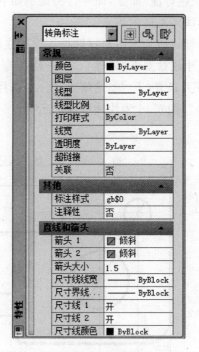

图 6-47　"标注"快捷菜单　　　　　图 6-48　"特性"窗口

2. 命令执行过程

命令：_dimstyle

当前标注样式：Standard

输入标注样式选项

［保存(S)/恢复(R)/状态(ST)/变量(V)/应用(A)/?］＜恢复＞：a(输入应用选项)

选择对象：(选择要更新的尺寸对象)

3. 说明

(1)保存(S)选项：将当前的标注样式以一个新的标注样式名保存，并将新的标注样式置为当前样式。

(2)恢复(R)选项：将输入的标注样式设置为当前标注样式。

(3)状态(ST)选项：列出所有当前图形中命名的标注样式系统变量设置。

(4)变量(V)选项：列出输入的标注样式系统变量设置，但不修改当前设置。

(5)应用(A)选项：将选择的尺寸对象按当前的标注样式更新。

(6)? 选项：列出当前图形中命名的标注样式。

二、编辑标注文字的内容

创建标注后，可以编辑或者替换标注文字的内容。通常修改标注文字内容的方法有以下几种：

(1)选择要修改的标注，调出"特性"窗口，在"特性"窗口的"文字"⇨"文字替代"框中输入新的标注文字，可替换已标注的实际测量值。

　　调出"特性"窗口可通过从"修改"下拉菜单中选择"特性"、在标准工具栏点击"对象特性"图标█、选中要修改的标注在绘图区单击鼠标右键从弹出的快捷菜单中选择"特性"等方式实现。

　　(2)双击要修改的标注,尺寸数字即呈现灰色可编辑状态,通过修改其数值可实现标注文字内容的编辑。

　　(3)通过 DIMEDIT 命令用户也可编辑已有标注的文字内容,方法如下:

　　●命令行:DIMEDIT

　　执行命令后,命令行将提示如下:

　　输入标注编辑类型[默认(H)/新建(N)/旋转(R)/倾斜(O)]<默认>:(输入 N,回车)

　　选择该选项后,系统将弹出"文字格式"编辑器,在文字输入窗口输入尺寸标注文字并单击"文字格式"工具栏中的"确定"按钮后,命令行提示如下信息:

　　选择对象:

　　在此提示下选择要编辑的尺寸标注对象,并按 Enter 键即可。

　　另外,通过 DIMEDIT 命令的"旋转(R)"选项还可以使标注文字旋转一定的角度;"倾斜(O)"选项可以使非角度标注的尺寸界线倾斜一定的角度。

　　(4)下拉菜单:"修改"⇨"对象"⇨"文字"⇨"编辑",然后选中要修改的尺寸,会弹出"文字格式"编辑器,也可实现对标注文字的修改。

　　注意:在"文字替代"框中输入的文字总是替换在"测量单位"框中显示的实际标注测量值。要标注实际的测量值,则把"文字替代"框中的文字删除。

　　如果要给标注的测量值添加前缀或后缀,可以在"文字替代"框中用尖括号(＜＞)代替测量值,在尖括号前面输入前缀,在尖括号后面可输入后缀。

　　可以使用"特性"窗口编辑包括标注文字在内的任何标注特性。在创建标注时,这些特性是由当前标注样式设置的。可以使用"特性"窗口查看和快速修改标注特性,例如线型、颜色、文字位置和由标注样式定义的其他特性。

三、编辑标注文字的位置

　　1. 用户可以修改尺寸标注中尺寸文字的位置,使其位于尺寸线上面左端、右端或中间,而且可使本文倾斜一定的角度,方法如下:

　　●功能区:"注释"选项卡"标注"面板上的 █ █ █ █ 按钮。

　　●下拉菜单:"标注"⇨"对齐文字"⇨除"默认"外的其他命令。

　　●命令行:DIMTEDIT。

　　选择需要修改的尺寸对象后,命令行将提示如下:

　　指定标注文字的新位置或[左(L)/右(R)/中心(C)/默认(H)/角度(A)]:

　　默认情况下,可以通过拖动光标来确定尺寸文字的新位置。

　　其各选项的含义如下:

　　(1)"左(L)"和"右(R)"选项:这两个选项仅对非角度标注起作用。它们分别决定尺寸标注文字是沿着尺寸线左对齐还是右对齐。

　　(2)"中心(C)"选项:可以将尺寸标注文字放在尺寸线的中间。

　　(3)"默认(H)"选项:可以按默认位置及方向放置尺寸文字。

（4）"角度（A）"选项：可以旋转尺寸文字，需要指定一个角度值，此时尺寸文字的中心点不变，使文本沿给定的角度方向排列。

2. 编辑标注文字的位置还可通过快捷菜单实现。首先选中要编辑的尺寸标注，单击尺寸数字上的夹点，然后再右击鼠标，AutoCAD 会弹出一个快捷菜单，如图 6-49 所示，在快捷菜单上有各种编辑标注文字位置的命令，通过选择不同的选项，即可实现标注文字位置的修改。

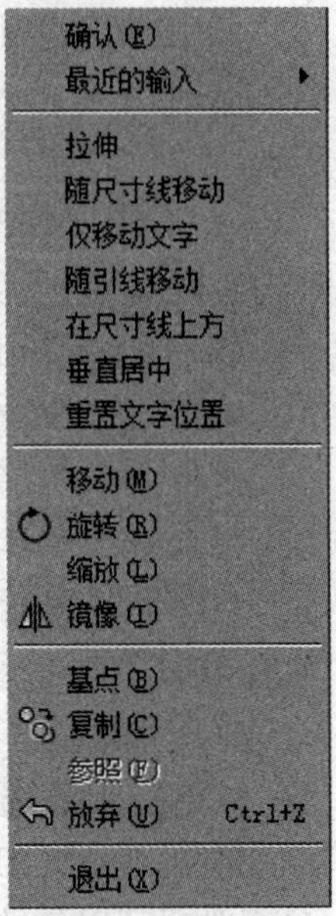

四、尺寸标注的其他编辑

1. 夹点编辑

夹点编辑是修改标注最快、最简单的方法。

对于线性标注和角度标注有五个夹点，对于半径和直径标注有三个夹点。选中标注后，在尺寸上显示出蓝色的小方块即为夹点。如选中某线性标注后，通过点击尺寸界线端部的夹点并拖动鼠标可以改变标注的范围或尺寸界线的长度；通过点击尺寸线端部的夹点并拖动鼠标可以改变尺寸线的位置；通过点击尺寸数字上的夹点并拖动鼠标可以改变尺寸数字的位置。

图 6-49　编辑标注
文字位置选项

2. 使标注倾斜

AutoCAD 一般创建与尺寸线垂直的尺寸界线，然而，如果尺寸界线与图形中的其他对象发生冲突，可以修改它们的角度，使现有的标注倾斜不会影响新的标注，如图 6-50 所示。

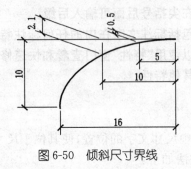

图 6-50　倾斜尺寸界线

使尺寸界线倾斜的步骤：

（1）从下拉菜单选择"标注"⇨"倾斜"；或者命令行输入 DIMEDIT 命令选择"倾斜（O）"选项。

（2）选择标注。

（3）直接输入尺寸线倾斜角度或通过指定两点确定角度。

第八节　尺寸标注综合举例

首先，设置土木工程图的尺寸标注样式，设置的方法见第六章第三节。

在完成尺寸标注样式设置后，把图 6-51 所示图形，按照下列步骤标注尺寸后，得到如图 6-52 所示标注尺寸后的图形。

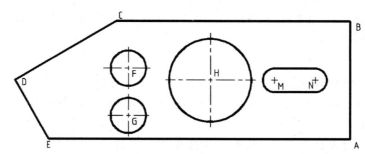

图 6-51 尺寸标注综合举例

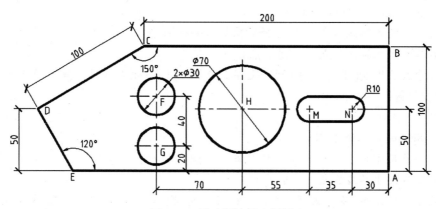

图 6-52 尺寸标注综合举例

在这个例子中,用到了线性标注、连续标注、基线标注、对齐标注、角度标注、半径标注、直径标注等标注方法,过程如下:

命令:_dimlinear(线性标注命令)

指定第一条尺寸界线原点或 <选择对象>:(捕捉 G 点)

指定第二条尺寸界线原点:(捕捉 H 点)

指定尺寸线位置或[多行文字(M)/文字(T)/角度(A)/水平(H)/垂直(V)/旋转(R)]:(指定尺寸线位置)

标注文字＝70

命令:_dimcontinue(连续标注命令)

指定第二条尺寸界线原点或 [放弃(U)/选择(S)] <选择>:(捕捉 M 点)

标注文字＝55

指定第二条尺寸界线原点或 [放弃(U)/选择(S)] <选择>:(捕捉 N 点)

标注文字＝35

指定第二条尺寸界线原点或 [放弃(U)/选择(S)] <选择>:(捕捉 A 点)

标注文字＝30

指定第二条尺寸界线原点或 [放弃(U)/选择(S)] <选择>:(回车)

选择连续标注(回车)

命令:_dimlinear(线性标注命令)

指定第一条尺寸界线原点或 <选择对象>:(捕捉 A 点)

指定第二条尺寸界线原点:(捕捉 N 点)

指定尺寸线位置或[多行文字(M)/文字(T)/角度(A)/水平(H)/垂直(V)/旋转(R)]：(指定尺寸线位置)

标注文字＝50

命令：_dimbaseline(基线标注命令)

指定第二条尺寸界线原点或 [放弃(U)/选择(S)] ＜选择＞：(捕捉 B 点)

标注文字＝100

指定第二条尺寸界线原点或 [放弃(U)/选择(S)] ＜选择＞：(回车)

选择基准标注：(回车)

命令：_dimlinear(线性标注命令)

指定第一条尺寸界线原点或 ＜选择对象＞：(捕捉 B 点)

指定第二条尺寸界线原点：(捕捉 C 点)

指定尺寸线位置或[多行文字(M)/文字(T)/角度(A)/水平(H)/垂直(V)/旋转(R)]：(指定尺寸线位置)

标注文字＝200

命令：_dimlinear(线性标注命令)

指定第一条尺寸界线原点或 ＜选择对象＞：(捕捉 D 点)

指定第二条尺寸界线原点：(捕捉 E 点)

指定尺寸线位置或[多行文字(M)/文字(T)/角度(A)/水平(H)/垂直(V)/旋转(R)]：(指定尺寸线位置)

标注文字＝50

命令：_dimlinear(线性标注命令)

指定第一条尺寸界线原点或 ＜选择对象＞：(捕捉 F 点)

指定第二条尺寸界线原点：(捕捉 G 点)

指定尺寸线位置或[多行文字(M)/文字(T)/角度(A)/水平(H)/垂直(V)/旋转(R)]：(指定尺寸线位置)

标注文字＝40

命令：_dimcontinue(连续标注命令)

指定第二条尺寸界线原点或 [放弃(U)/选择(S)] ＜选择＞：(捕捉 E 点)

标注文字＝20

指定第二条尺寸界线原点或 [放弃(U)/选择(S)] ＜选择＞：(回车)

选择连续标注：(回车)

命令：_dimaligned(对齐标注命令)

指定第一条尺寸界线原点或 ＜选择对象＞：(捕捉 C 点)

指定第二条尺寸界线原点：(捕捉 D 点)

指定尺寸线位置或[多行文字(M)/文字(T)/角度(A)]：(指定尺寸线位置)

标注文字＝100

命令：_dimangular(角度标注命令)

选择圆弧、圆、直线或 ＜指定顶点＞：(在 CD 直线上选择一点)

选择第二条直线：(在 CB 直线上选择一点)

指定标注弧线位置或［多行文字(M)/文字(T)/角度(A)/象限点(Q)］:(指定尺寸线位置)

标注文字＝150

命令:_dimangular(角度标注命令)

选择圆弧、圆、直线或 ＜指定顶点＞:(在 EA 直线上选择一点)

选择第二条直线:(在 ED 直线上选择一点)

指定标注弧线位置或［多行文字(M)/文字(T)/角度(A)/象限点(Q)］:(指定尺寸线位置)

标注文字＝120

命令:_dimdiameter(直径标注命令)

选择圆弧或圆:(在圆 F 上选择一点)

标注文字＝30

指定尺寸线位置或［多行文字(M)/文字(T)/角度(A)］:(输入 m,回车,屏幕出现文字格式编辑器,在测量值前输入前缀"2×",点击确定按钮。乘号"×"在前述定义的文字样式 GB 下,输入"＊"号即可显示)

指定尺寸线位置或［多行文字(M)/文字(T)/角度(A)］:(指定尺寸线位置)

命令:_dimdiameter(直径标注命令)

选择圆弧或圆:(在圆 H 上选择一点)

标注文字＝70

指定尺寸线位置或［多行文字(M)/文字(T)/角度(A)］:(指定尺寸线位置)

命令:_dimradius(半径标注命令)

选择圆弧或圆:(在半圆 N 上选择一点)

标注文字＝10

指定尺寸线位置或［多行文字(M)/文字(T)/角度(A)］:(指定尺寸线位置)

上 机 实 训

实训一　建立符合土木工程制图标准的尺寸标注样式

1. 目的要求

掌握尺寸标注样式的设置,创建一个或多个符合行业、项目或国家标准的尺寸标注样式来标注尺寸。

2. 操作提示

按照《技术制图》国家标准、《房屋建筑制图统一标准》(GB/T 50001—2001)和《建筑制图标准》(GB/T 50104—2001)中的有关规定,按 1∶1 的比例,建立线性、半径、直径和角度尺寸等的标注子样式,相对于默认的 ISO-25 基础样式而言,对于新样式,仅修改那些与基础样式特性不同的特性,以下内容必须设置:

(1)基线间距为 7～10。

(2)超出尺寸线为"2"。

(3)线性尺寸箭头形式为建筑标记,半径、直径和角度的尺寸箭头形式为实心闭合。

（4）尺寸文字的高度为 3.5，为尺寸所建立的文字样式中的字体，建议采用国标直体（gbenor. shx）或国标斜体（gbeitc. shx）。

（5）尺寸文字的单位格式选"小数"，"精度"为"0"。

实训二　绘制如图 6-53 所示的图形并标注尺寸

1. 目的要求

通过平面图形的尺寸标注，掌握尺寸标注样式设置、尺寸标注方法和尺寸标注编辑。

2. 操作提示

先建立线性、半径、直径和角度的尺寸标注子样式，然后标注下图尺寸，当尺寸箭头和尺寸文字位置不佳时，用尺寸编辑命令调整。

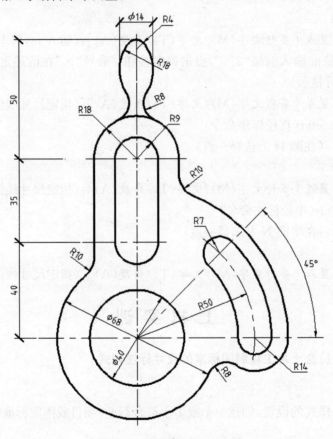

图 6-53　平面图形尺寸标注

实训三　绘制图 6-54、图 6-55 中所示图形并标注尺寸

1. 目的要求

利用本章所学的尺寸标注命令及前面所学的二维绘图和编辑命令，绘制图 6-54、图 6-55 中所示的图形并标注尺寸。

2. 操作提示

读者可参照本书中例题自己来试着进行各种命令的操作。

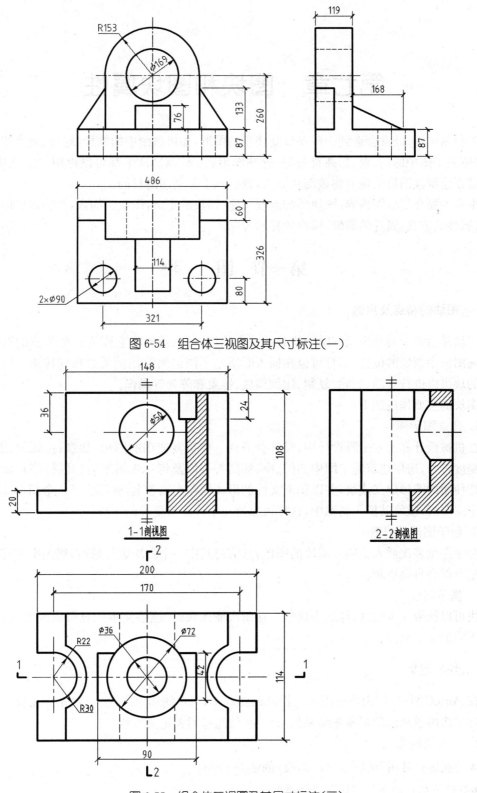

图 6-54　组合体三视图及其尺寸标注（一）

图 6-55　组合体三视图及其尺寸标注（二）

第七章　图块和图块属性

工程制图中,经常会遇到一些要反复使用的图形,如机械图中的螺栓、螺母、表面粗糙度符号,房屋施工图中的门、窗、标高符号等,这些图形在 AutoCAD 中都可以由用户定义成图块,并在需要绘制该图形的地方将该图块插入,以达到重复利用的目的。

本章主要介绍以下内容:图块的特点及用途,图块的定义,图块的插入,图块属性的概念与特点,属性的定义,属性的编辑,属性的显示控制。

第一节　图　块

一、图块的特点及用途

图块是由多个对象组成并赋予块名的一个整体,可以随时将它作为一个单独的对象插入到当前图形中指定的位置,而且可以在插入时指定不同的缩放比例系数和旋转角。插入到图形中的块可以进行移动、删除、复制、比例缩放、镜象和阵列等操作。

图块的主要作用如下:

1. 建立图形库

在机械设计和土木工程设计中,经常会遇到一些重复使用的图形(如螺钉、螺栓、螺母、表面粗糙度符号,房屋建筑施工图中的门、窗、标高符号以及每一张图纸的标题栏等),如果把这些经常使用的图形定义成块,并以图形文件的形式保存在磁盘上,就形成了一个图形库。当需要某个图形时,就将其插入到图中,这样可以避免了许多重复性的工作。

2. 便于图形的修改

对于一个多次插入了同一图块的图形,只需对其中一个图块进行修改,则图中所有引用该块的地方都会自动更新。

3. 携带属性

块可以携带文本信息,称之为属性。在每次插入块时,这些文本信息可以改变,从而可以得到不同的文本值内容。

二、块的定义

在 AutoCAD 中使用块可以大大提高绘图效率,但在使用块之前,必须先定义块。定义块的前提是将组成块的图形预先绘制出来,然后将这些对象定义成块。

1. 定义块的途径

●功能区:"常用"选项卡"块"面板:创建 ⊞ 按钮。

●下拉菜单:"绘图"⇨"块"⇨"创建"。

●命令行:BLOCK 或 BMAKE。

2. 定义块的方法和步骤

下面以图 7-1 所示的窗户为例,说明块定义的方法和步骤。

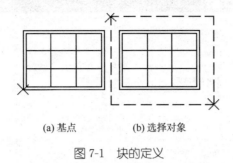

(a) 基点　　　　　(b) 选择对象

图 7-1　块的定义

(1)用上述三种途径之一激活"块定义"对话框,如图 7-2 所示。

图 7-2　"块定义"对话框

(2)在对话框的"名称"列表框中输入块名,如 window。

(3)单击"基点"区的"拾取点"按钮,对话框暂时从屏幕消失。此时可以用鼠标在图形区指定一点作为块的插入基点如图 7-1(a)所示。一般应将基点选在块的中心、左下角或其他特殊的位置,以便插入时定位(插入时,基点与光标重合)。如窗户的基点就选在其左下角。

(4)单击"对象"区的"选择对象"按钮,对话框暂时消失,可用各种选择对象的方法选择构成块的对象,图 7-1(b)所示是用窗口的方法选择对象。

(5)单击"确定"按钮,完成块的定义。

注意:若选中"对象"区中的"保留"选项,则定义完块后,被选中的对象仍保留在当前图形中;若选中"对象"区中的"转化为块"选项,则定义完块后,被选中的对象转化成一个图块;若选中"对象"区中的"删除"选项,则定义完块后,被选中的对象从屏幕消失,此时若希望保留原对象,只要执行"oops"命令(从键盘输入"oops"并回车)即可。建议在定义块时,选择"保留"。

三、保 存 块

以上定义的图块,一般只能在图块所在的当前图形文件中使用,不能被其他图形文件引用。要使图块成为公共图块,需用 wblock 命令将图块或对象单独保存为一个图形文件(＊ . DWG)。

保存块的方法步骤如下:

(1)在命令行输入 wblock 命令或单击功能区"插入"选项卡"块定义"面板中"创建块"下拉

图标中的"写块" 按钮，可激活"写块"对话框，如图 7-3 所示。

图 7-3 "写块"对话框

(2)在对话框的"文件名和路径"文本框中输入要存盘的块文件的名称及路径。可以利用文本框右边的文件浏览按钮指定块文件要保存的路径。

(3)在"源"区中确定块的定义范围。其中，"块"指以前定义过的但还没有保存为文件的块，若没有定义过块，则该项不能使用；"整个图形"指当前已绘制的图形；"对象"指通过选择部分对象来组成块。

(4)对话框中的"基点"区、"对象"区的意义与"块定义"相同。若选中了"源"区中的"块"选项，则"基点"区和"对象"区将拒绝用户使用，因为以前定义块时已经确定了插入基点和构成图块的对象。

(5)单击确定按钮，完成块的存盘。

四、块的插入

块创建好了以后，用户可以使用三种方法将先前创建好的块插入到当前图形中。这三种方法是：

● 使用"插入块"命令插入块。

● 使用设计中心插入块。

● 使用工具选项板插入块。

下面对这三种方法分别加以介绍。

1. 使用"插入块"命令插入块

(1)激活"插入块"命令的方法如下：

● 功能区："常用"选项卡⇨"块"面板：按钮。

● 下拉菜单："插入"⇨"块"。

● 命令行：INSERT 或 DDINSERT。

激活"插入块"命令后，弹出"插入"对话框，如图 7-4 所示。

图 7-4 "插入"对话框

(2)在"插入"对话框的"名称"下拉列表中选择要插入的块名。如果要插入的块不在当前图形文件内(如存盘块),单击列表框右边的"浏览"按钮可选择要插入的块所在的路径及名称。

(3)在"插入点"选项区中,选中"在屏幕上指定"复选框,以便在插入块时用光标在屏幕上指定插入点;在"比例"、"旋转"两个选项区中直接指定比例、旋转角参数,缺省的缩放比例为1,缺省的旋转角为0°。

(4)单击"确定"按钮,对话框消失,回到图形窗口等待指定插入点(此时要插入的块随光标移动且基点与光标重合)。将光标移到所需的位置单击鼠标左键即完成图块的插入。通常利用对象捕捉来确定插入点。

2. 使用设计中心插入块

设计中心一般用于插入非存盘块,所要插入的块既可以是在当前图形文件内,也可以不在当前图形文件内;可以是在打开的图形文件内,也可以在未打开的图形文件内。使用设计中心插入块的方法步骤如下:

(1)用下面的两种方法之一激活设计中心:

●功能区:"视图"选项卡⇨选项板面板"设计中心"[■]按钮。

●命令行:ADCENTER。

(2)激活设计中心后,AutoCAD 弹出"设计中心"对话框,选择对话框中的"打开的图形"选项卡,单击文件左边的＋将其展开,并选中其中的"块",此时,已定义好的块都直观地显示在右边的窗口中,如图 7-5 所示。

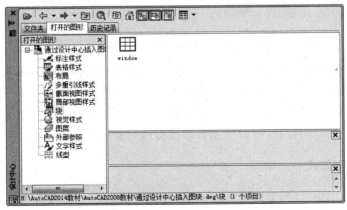

图 7-5 "设计中心"对话框

将要插入的块从设计中心拖到图形窗口,并借助对象捕捉将块放置在所需的位置(在捕捉到插入点以前不要松开鼠标)。

注意:如果所要插入的块不在当前图形文件内,则要选择对话框中的"文件夹"选项卡,然后找到块所在的文件并将其展开,再按上述方法将其插入。

3. 使用工具选项板插入块

AutoCAD 将一些常用的块和填充图案集合到一起分类放置,需要的时候只要拖动它们就可以插入到图形中。极大地方便了块和图案填充的使用。

要使用工具选项板来插入块,需要先将块放入到工具选项板中去。将块放到工具选项板有下面几种方法:

● 将块复制到剪贴板中,然后粘贴到工具选项板。

● 单击选择块,然后直接拖动到工具选项板中。

● 从设计中心拖入到选项版中。

下面介绍使用设计中心将块拖动到工具选项板的方法:

(1)首先打开块所在的文件。

(2)单击功能区:"视图"选项卡➾"选项板""打开工具选项板"■按钮。

(3)单击功能区:"视图"选项卡➾"选项板""打开设计中心对话框"圖按钮。

(4)展开块所在的文件并选择其中的"块"。

(5)在设计中心右边的窗口中选中块并将其拖动到工具选项板中,如图 7-6 所示。

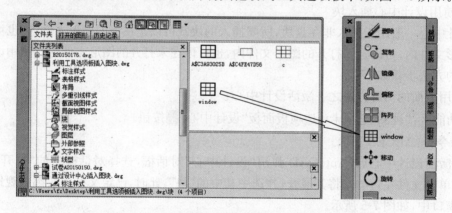

图 7-6　将图块从"设计中心"拖入"工具选项板"

注意:若需放入工具选项板的块不在当前图形文件中,可选中设计中心的"文件夹"选项卡,然后找到块所在的文件并将其展开,最后按上述(5)的方法将块拖入工具选项板。

将块放入工具选项板后,就可以通过工具选项板很方便地将块插入到当前图形中。只要单击工具选项板中的块,然后在绘图窗口中移动光标到要插入块的地方单击,块便被插入。为了将块准确插入到所需的位置,可以借助对象捕捉或对象追踪来实现,如图 7-7 所示。

五、块的编辑与修改

块在插入到图形中之后,表现为一个整体,我们可以对这个整体进行删除、复制、镜像、旋转等操作,但是不能直接对组成块的某一对象进行操作,也就是说不能直接修改块的定义。

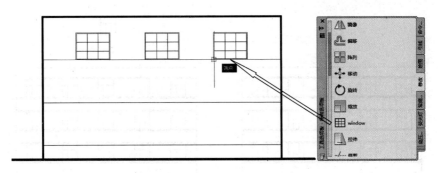

图 7-7　利用"工具选项板"插入图块

AutoCAD 提供了 3 种方法对块的定义进行修改,分别是块的分解＋重新定义、块的在位编辑、使用块编辑器进行编辑。

1. 块的分解＋重新定义

分解命令(功能区:"常用"选项卡⇨"修改"面板"分解" 按钮)可以将块由一个整体分解成组成块的原始对象,然后可以对这些对象执行任意的修改。

执行分解命令后,在命令提示下选择需要分解的块,选择完毕按回车键后,块就被分解成零散的对象,此时可以对这些对象进行编辑。需要注意的是,只有在创建块的时候选中块定义对话框中的"允许分解"复选框,该块才能被分解。

对分解后的块的编辑仅仅停留在图面上,并不改变块的定义。此时若再次插入这个块,依旧是原来的样子。要使插入的块发生变化,必须将编辑修改后的对象重新定义成同名块,这样块的定义才会被修改,再次插入这个块的时候,会变成新定义好的块。

重定义块常常用于成批修改一个块。比如说某个图块在图形中被插入了很多次,后来发现这个块的图形并不符合要求,需要全部变成另外的样式,只要将其中的一个块分解,对分解后的图形进行编辑修改,然后仍以原来的基点和名称重新定义图块,完成后图中全部同名块将会被修改成新的样式。

块的重新定义和创建块的过程一样,只是在选择块名的时候可以选择"名称"下拉列表中的已有块名。下面通过一个例子来说明块的重新定义。

如图 7-8 所示,图 7-8(a)所示为先前定义的块,块名为"window",该块被多次插入到立面图中,如图 7-8(b)所示。今要将立面图中的窗户改成上部为整块固定玻璃如图 7-8(d)所示,只要将图 7-8(b)中的任意一个窗户复制到空白处,然后将其分解并修改成图 7-8(c)所示的形式,然后按以下过程重新定义图块。

(1)单击下拉菜单:"绘图"⇨"块"⇨"创建",弹出"块定义"对话框,在"名称"下拉列表框中选择"window",单击"基点"选项区的"拾取点"按钮,然后在图形窗口中拾取窗户左下角点作为块的插入基点(与原插入基点相同)。

(2)单击"对象"选项区域的"选择对象"按钮,然后在图形窗口中以窗选模式选择修改过的窗户,选择完后按回车键(鼠标右键),回到"块定义"对话框,单击"确定"按钮,此时 AutoCAD 会弹出一个警告信息框,提示"已定义 window,图形中已存在 15 个参照,是否更新定义及其所有块参照?"单击"是"按钮,完成块的重定义。

此时图中所有的窗户变成上部为整块固定玻璃窗户,如图 7-8(d)所示。

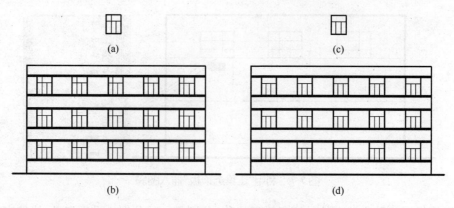

图 7-8　块的成批修改

2. 块的在位编辑

除了前面讲到的重新定义方法，AutoCAD 还有一个"在位编辑"的工具供用户直接修改块定义。所谓在位编辑，就是在原来图形的位置上进行编辑，不必分解块就可以直接对它进行修改，而且可以不必理会插入点的位置。

在位编辑快的激活方式如下：

●选择要编辑的块，在其右键菜单中选择"在位编辑块"命令。

●命令行：refedit。

下面仍以上面的例子来说明如何进行块的在位编辑。

(1)单击立面图左上方的窗户块，然后右击，在弹出的快捷菜单中选择"在位编辑块"命令，打开"参照编辑"对话框，如图 7-9 所示。这个对话框中显示出要编辑的块的名字"window"。

(2)单击"确定"按钮，AutoCAD 进入参照和块编辑的状态，除了块定义的图形之外，其他图形全部褪色，并且除了当前正在编辑的图形外，看不到其他插入的相同块。同时，绘图区出现"参照编辑"工具栏，如图 7-10 所示。

图 7-9　"参照编辑"对话框

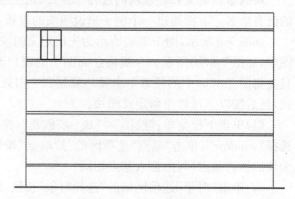

图 7-10　块在位编辑的状态

(3)在块在位编辑状态下，可以像一般图形编辑那样对块进行修改。今删去窗户上的两条竖线，然后借助对象捕捉绘制出下部的竖直中线(下部改成两扇推拉窗)。完成对块定义的修改后，单击功能区："常用"选项卡"编辑参照"面板的"保存修改"按钮，如图 7-11 所示。此时弹出警告信息框,提示:要保存对参照的修改,请单击"确定";要取消命令,请单击"取消"。单击"确定"按钮,回到图形窗口。修改后的立面图如图 7-12 所示。

图 7-11　"编辑参照"面板的"保存修改"按钮

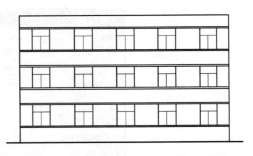

图 7-12　在位编辑"window"后的立面图

第二节　图　块　属　性

一、属性的概念及特点

1. 属性的概念

属性是从属于块的文本信息。如果某个图块带有属性,那么用户在插入图块时可根据具体情况,通过属性来为图块设置不同的文本对象。例如房屋建筑制图中,标高符号的标高值有 3.000、4.500、6.000 等,用户可以在标高符号的图块中将标高值定义为属性,当每次插入标高符号图块时,AutoCAD 将自动提示用户输入标高值。

2. 属性的特点

(1)属性包含属性标记和属性值两方面内容。例如一张图纸的标题栏中,有图名(drawing name)、比例(scale)等内容,具体到每一张图纸,都有各自的图名(如:底层平面图)和比例(如:1∶100)。Darwing name 和 scale 指的是哪类信息,称为属性标记,而"底层平面图"和"1∶100"表示的是某类信息中的具体信息,称为属性值。

(2)在定义带属性的块之前,要先定义属性,即规定属性标记、属性提示、属性缺省值、属性的可见性、属性在图中的位置等。属性定义后以其标记在图中显示出来,把有关的信息保留在图中。

(3)在插入块时,系统用属性提示要求用户输入属性值。因此,同一个块在插入时,可以有不同的属性值。

(4)块插入后,用户可以用 Attedit(或 ddedit 命令)对属性值进行修改。

二、属性的定义

1. 激活定义属性的命令方式

●功能区:"插入"选项卡"块定义"面板"定义属性" 按钮。

●下拉菜单:"绘图" ⇨ "块" ⇨ "定义属性"。

●命令行:ATTDEF。

2. 定义属性

以上述三种途径之一激活"属性定义"命令后，弹出"属性定义"对话框，如图 7-13 所示。

图 7-13 "属性定义"对话框

对话框中各选项作用如下：

（1）模式：确定块插入后属性的可见性、属性是常量还是变量、插入时是否进行验证、是否采用默认值。一般情况下模式区可以取缺省值。

（2）属性：确定属性标记、属性提示、属性默认值。这三项直接在文本框中输入，默认值可以为空。

（3）插入点：指定属性在块中的位置。一般勾选"在屏幕上指定"复选框，这样在单击"确定"按钮之后就可在绘图区中直接指定插入点。

（4）文字设置：规定文字的对齐方式、文字样式、文字的高度和旋转角度。

（5）在前一个属性的下方对齐：表示该属性采用上一个属性的字体、字高及倾斜角度，且与上一个属性对齐。若未定义过属性，则该项不能用。

3. 举例

定义、标注标高符号的图块，并使在插入该块时能实时地输入标高值，步骤如下：

（1）按国家标准规定绘制标高的图形符号，如图 7-14 所示。

（2）单击功能区："插入"选项卡⇨"块定义"面板"定义属性" ✎ 按

钮，弹出"属性定义"对话框。

图 7-14 标高符号

（3）在"属性"区的"标记"、"提示"文本框分别输入"BG"并"输入标高值"。

（4）在"文字选项"区的"对正"、"文字样式"下拉列表框中分别选取"左"、"GB"（预先定义，关联字体文件为 gbenor. shx 和 gbcbig. shx），在"高度"文本框中输入与标高图形符号大小相适应的值，作为属性的高度，如"3.0"（假设房建图缩小 100 倍绘制）。此时对话框内容如图 7-15 所示。

（5）单击"确定"按钮，AutoCAD 切换到图形窗口，等待指定属性的插入点。在三角形右上角上方选取一点，使其与水平线保持适当的距离，结果如图 7-16 所示。至此属性定义结束，下面将把属性和图形符号一起定义成图块。

图 7-15　"属性定义"对话框　　　　　　　图 7-16　属性以其标记在图中显示

(6)单击功能区:"常用"选项卡"块"面板"创建" 按钮,弹出"块定义"对话框。

(7)在对话框的"名称"列表框中输入块名"标高"。

(8)单击基点区的"拾取点"按钮,利用对象捕捉拾取三角形下角点。

(9)单击"对象区"的"选择对象"按钮,在绘图区选取标高符号和属性标记。此时"块定义"对话框的内容如图 7-17 所示。

图 7-17　"块定义"对话框

(10)单击"确定"按钮,完成块定义。以后就可以用块名为"BG"的块在图中标注标高符号了。

三、插入一个带属性的块

插入一个带有属性的块与插入不带属性的块基本相同。

今以标注标高为例,说明带属性块的插入方法。

(1)单击功能区:"插入"选项卡"块"面板"插入" 按钮,激活"插入"对话框。

(2)在对话框的"名称"下拉列表中选择块名"BG"。

(3)在"插入点"选项区中,选中"在屏幕上指定"复选框,以便在插入块时用光标在屏幕上指定插入点;在"比例"、"旋转"两个选项区中直接指定比例、旋转角参数,缺省的缩放比例为

1,缺省的旋转角为 0°。

(4)单击"确定"按钮,对话框消失,回到图形窗口等待指定插入点。同时命令行提示如下:

指定插入点或[基点(B)/比例(S)/X/Y/Z/旋转(R)]:

当指定插入点后,命令行接着提示:

输入属性值:(输入 12.500 并回车)

至此完成一处标高的标注,如图 7-18 所示。

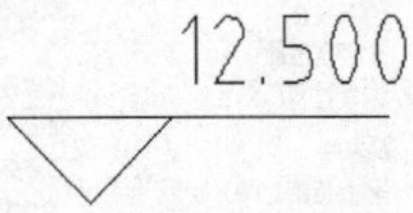

12.500

图 7-18　插入后属性以属性值显示

四、编辑属性

1. 编辑属性定义

在未组成图块以前,可以用 Ddedit 命令修改属性定义。可以通过下面途径激活 Ddedit 命令:

● 功能区:"插入"选项卡"属性"面板"编辑属性"下拉列表。

● 下拉菜单:"修改"⇨"对象"⇨"文字"⇨"编辑"(修改属性标记、提示、缺省值)。

● 命令行:DDEDIT(与菜单"修改"⇨"对象"⇨"文字"⇨"编辑"相同)

修改属性定义操作如下:

(1)激活 Ddedit 命令。

(2)拾取要修改的属性标记,弹出"编辑属性定义"对话框,如图 7-19 所示。

(3)在"编辑属性定义"对话框中指定和修改属性标记、提示和缺省值。然后单击"确定"按钮。

2. 编辑附着在块中的属性

插入块之后属性的编辑命令是 Eattedit,可以通过下面的四种途径之一激活 Eattedit 命令:

● 下拉菜单:"修改"⇨"对象"⇨"属性"⇨"单个"。

● 功能区:"插入"选项卡"属性"面板"编辑属性"按钮。

● 命令行:EATTEDIT 或 DDEDIT。

● 直接在附带属性的块上双击。

编辑附着在块中的属性的步骤如下:

(1)激活 eattedit 命令,弹出"增强属性编辑器"对话框,如图 7-20 所示。

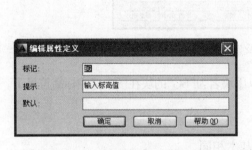

图 7-19　"编辑属性定义"对话框

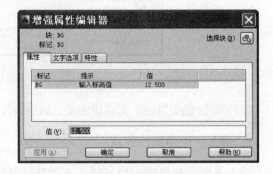

图 7-20　"增强属性编辑器"对话框

(2)选中对话框中的"属性"选项卡可以修改属性值,如将属性值改为"16.000";选中"文字选项"可以修改文字样式、对正方式、文字高度、宽度比例、旋转角等,如将文字高度改为 3.5。对话框的"文字选项"卡内容如图 7-21 所示。

修改完毕后单击"确定"按钮,结果如图 7-22 所示。

图 7-21 "增强属性编辑器"对话框中的"文字选项"卡　　　　图 7-22 修改后的属性值

五、控制属性的可见性

属性的显示状态(可见或不可见)是可以改变的,控制属性的显示状态有以下两种方法:

(1)下拉菜单:"视图"⇨"显示"⇨"属性显示"命令,显示出三种选择:普通、开和关。如图 7-23 所示,用户可根据需要进行选择。

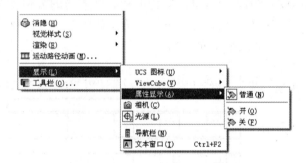

图 7-23 控制属性显示状态的菜单

(2)在命令行输入 Attdisp 命令,AutoCAD 提示:

命令:_attdisp

输入属性的可见性设置 [普通(N)/开(ON)/关(OFF)] <当前值>:

用户只要输入所需要的选项即可。各选项的意义如下:

①普通(N):恢复成原定义状态。

②开(ON):所有属性均可见。

③关(OFF):所有属性均不可见。

上 机 实 训

1. 目的要求

通过第 1 题练习掌握块的定义与插入的方法;通过第 2、3 题练习,掌握属性的定义以及带属性的图块的插入方法。

2. 操作提示

(1)先绘制图 7-24(a)所示图形(不注尺寸),并将其定义成图块(不包含圆的中心线);然后用块插入的方法绘制图 7-24(b)所示图形。插入时，比例因子取 0.5 。

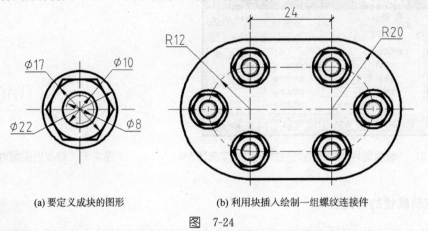

(a) 要定义成块的图形　　　　　(b) 利用块插入绘制一组螺纹连接件

图　7-24

（2）绘制图 7-25(a)所示窗户，并将该窗户定义成块，利用该块绘制图 7-25(b)所示房屋立面图；将标高定义成带属性的块，通过插入带属性的块标注窗台、窗户顶、墙顶、室外地面标高。窗户宽 1 500，高 1 800，窗台板厚 120，窗扇的宽度和高度方向的分格均按三等分处理（注：房屋立面图是不标注长度尺寸的，此处标注尺寸只是为了作图方便；右侧窗户顶的标高可由左侧窗台标高经过两次镜像并作适当编辑而得到）。

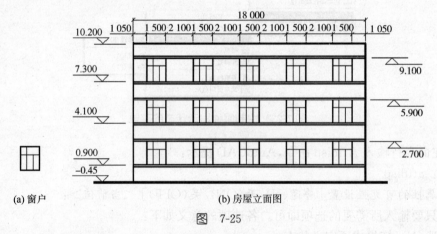

(a) 窗户　　　　　(b) 房屋立面图

图　7-25

（3）图 7-26 是工程图纸中的简易标题栏，将该标题栏定义成带有属性的块。标题栏中带括号的文字定义为属性，不带括号的文字用单行文字（或多行文字）命令书写。定义成块后，利用块插入的方法得到标题栏并实时输入属性值。

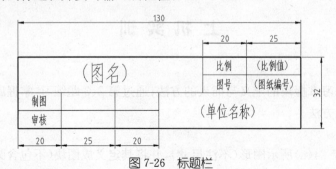

图 7-26　标题栏

第八章　工程图的绘制与输出

如同使用尺规等工具绘制工程图样的过程一样，使用绘图软件绘制工程图样时，正确的绘图方法与步骤也是十分重要的。正确的绘图方法和步骤不仅可以提高绘图的效率，减少出错率，还可以将计算机绘图的优势充分发挥出来，使后续工作变得更容易和方便。另外采用计算机绘图与尺规绘图相比有一个很大的优点，就是计算机可以将一些每次绘图都要做的内容保存下来，下一次绘图时这些内容可以直接使用，这样可大大提高工作效率，而这样的文件叫做样板文件。

本章将介绍绘制工程图样的一般方法步骤以及如何创建样板文件和调用样板文件，并介绍一些绘制工程图样的技巧以及工程图的输出。

第一节　绘制工程图的一般步骤

利用 AutoCAD 2014 绘制一幅工程图的一般步骤如下：

(1)创建新文件。

(2)设置单位和精度。

(3)创建图层，设置图层的名称、颜色、线型和线宽。

(4)定义文字样式。

(5)定义尺寸样式。

(6)绘制工程图。

(7)绘制图幅、图框和标题栏。

(8)将绘制好的工程图与图幅匹配(确定比例)。

(9)标注尺寸。

(10)书写技术要求。

(11)填写标题栏。

(12)保存、退出。

实际绘图过程中，可能会出现考虑不到位的情况，比如图层不够使用、文字样式不符合要求等问题，这时可以根据需要随时增加或修改相应的设置项目，从而体现出计算机绘图的灵活方便性。

但是绘图过程中与比例相关的内容应尽量在设置好比例之后完成，否则可能造成图纸不符合要求的问题。

在上述过程中，大部分操作内容在前面的章节中已经介绍过，这里就不再重复，本章将重点介绍绘制工程图时涉及的内容。

AutoCAD 2014 提供了一个快速绘图的平台，使用该平台绘图时，可以方便快速地对图形进行编辑和修改，因此绘图时，绘图人员的主要精力可以更多的集中在图形本身，而不是图形的布置、线条的长短等内容上。

第二节 样板文件的制作与调用

绘制工程图的一般步骤中提到的内容,有些内容是相同的,比如绘制图幅、图框、标题栏等,在手工绘图时由于条件限制这些内容每次都要重新绘制,但在计算机绘图时,可以利用计算机绘图的优势,把这些内容先设置好,并以特定格式的文件保存起来,下次使用时直接调用,这样的文件在 AutoCAD 中称为样板文件。AutoCAD 2014 提供了大量的样板文件(扩展名为 dwt),我们可以直接使用 AutoCAD 2014 中提供的样板文件,也可以自己制作样板文件。利用样板文件可以减少大量的重复工作,从而提高绘图效率。

下面以常用的 A3 样板文件为例,介绍如何定义符合我国制图标准的样板文件以及如何调用自己创建的样本文件。

一、制作 A3 样板文件

1. 开始一张新图

进入 AutoCAD 2014 界面之后,利用"新建"命令创建一个新图形文件,将会打开"选择样板"对话框,如图 8-1 所示。

图 8-1 "选择样板"对话框

"选择样板"对话框的文件列表中列出了 AutoCAD 2014 提供的定义好的样板文件。AutoCAD 中自带的样板基本是按照国外的制图标准创建的样板,与我国制图标准有所不同,因此我们需要在原有样板的基础上按照国内制图标准进行修改或创建符合国内标准的样板文件。

利用已有的样板文件创建的新图形文件一般对应 AutoCAD 2014 的布局空间,即绘图窗口下边显示"布图"。若想定义符合我们作图需要的样板图,可选择"acadiso.dwt"样板文件,以此样板文件创建的新图形文件对应 AutoCAD 2014 的模型空间,即窗口下边显示"模型"。"acadiso.dwt"此样板文件对绘图环境作了一些最基本的设置,如:公制单位,定义了"0"图层、

"Standard"文字样式、"ISO-25"标注样式、"Standard"表格样式等。

注意:"模型"空间用于绘制图形和对图形的编辑,"布局"空间用于设置打印内容。

2. 设置单位和精度

对图形单位制和精度进行设置,在命令行中输入"Units"命令,打开"图形单位"对话框设置长度和角度的"类型"及"精度",如图 8-2 所示。

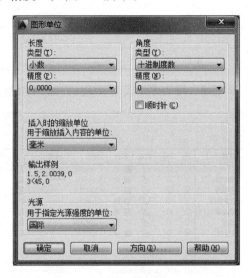

图 8-2 "图形单位"对话框

在该对话框的"长度"选项组的"类型"下拉列表框中选择"小数","精度"设置为 0。在"角度"选项组的"类型"下拉列表框中选择"十进制度数","精度"设置为 0.0。

3. 创建图层,设置图层的名称、颜色、线型和线宽

创建图层以及设置各图层的名称、颜色、线型以及线宽是一项十分重要的工作,以图层来管理图形是计算机绘图的重要特征之一,也是有效管理图形对象的重要途径之一。因此,在开始绘图之前,创建需要的图层以及设置图层的属性是十分必要的。图层数量根据图形对象的种类数确定,对于比较简单的图形也可根据线型种类设置,如粗实线、细实线、虚线、点画线、标注、文字等图层。

对图层的创建我们有以下建议:

(1)不同的线型设置不同的图层,即为每一种线型至少创建一个图层,有时为满足图形的需要,可能多个图层使用同一种线型,如细实线图层的线型为 Continuous,标注图层的线型也是 Continuous;

(2)不同的图层设置不同的颜色,这样可以直观地表现出对象所在的图层,如当线型比例不合适时,可以通过颜色区分图线所在的图层是否正确;

(3)线型比例有全局和局部之分,建议对整幅图样选定一个适当的全局比例。对个别图形对象根据需要设置相应的局部比例;

(4)线宽的设置可以根据打印的需进行设置。使用图层线宽作为打印样式时,必须设置图层线宽;当使用颜色作为打印样式时,可不设置图层线宽。

本样板文件按表 8-1 创建图层,设置图层名称、颜色、线型和线宽。

表 8-1　图层设置

图层名	颜色	线形	线宽
粗实线	白色	Continous	0.5 mm
中实线	洋红	Continous	0.25 mm
细实线	青色	Continous	0.13 mm
虚线	黄色	HIDDEN	0.13 mm
点画线	红色	CENTER	0.13 mm
文字标注	绿色	Continous	0.13 mm

打开"图层特性管理器"对话框，按表 8-1 设置图层，完成后如图 8-3 所示。

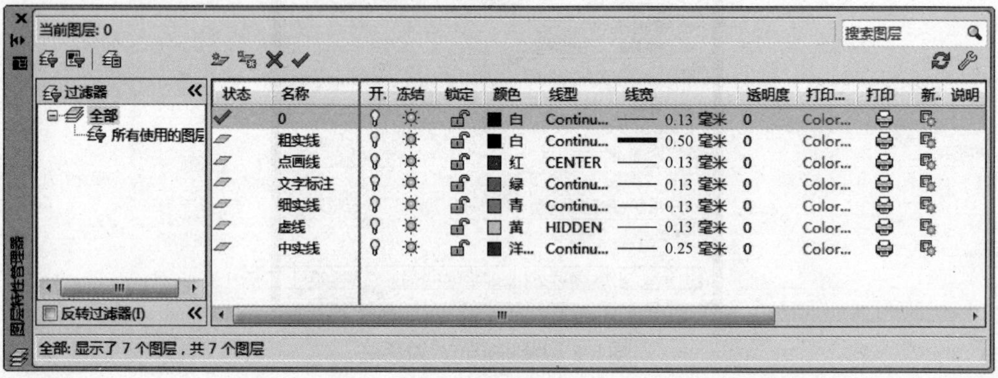

图 8-3　"图层特性管理器"对话框

注意：一般情况下，默认线宽为 0.25 mm，如果使用默认线宽，需合理设置粗线、中粗线和细线的线宽。

5. 定义文字样式

定义文字样式是为工程图中书写相关内容作准备的，工程图中书写的内容有尺寸标注、技术要求、附注以及标题栏等，这些内容对文字样式要求并不相同，因此，应当针对不同的要求来设置文字样式。

实际上，新建 AutoCAD 2014 文件时系统自动创建了一个名为"standard"的文字样式，采用"txt. shx"字体作为缺省字体，大字体为"gbcbig. shx"，该字体并不符合我国国标规定的汉字、英文和数字的注写要求。为了使标注符合我国国标规定的字体样式，本样板文件创建如下两种文字样式，文字样式创建完成后如图 8-4 所示。

"国标"样式，选择字体名为"gbeitc. shx"（斜体）或"gdenor. shx"（直体）；大字体采用"gbcbig. shx"，如图 8-4(a)所示，设置宽度比例为 1。

"长仿宋"样式：选择字体名为"仿宋"，取消"使用大字体"选项，设置宽度比例为 0.7，这样的汉字即为"长仿宋体"字，图 8-4(b)。

对标题栏、技术要求、附注等有汉字书写内容的部分使用"长仿宋"样式。如果有汉字形文件，如"hztxt. shx"，也可以创建一个新文字样式使用该字体，该字体为矢量字体，优点是占据存储空间小。

图中的尺寸标注、数字、字母等使用"国标"样式。

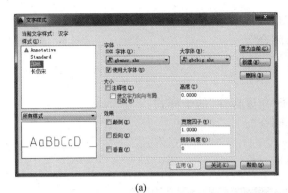 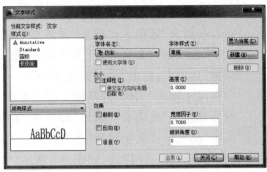

| (a) | (b) |

图 8-4 文字样式设置

无论设置哪种字体样式，均不设置字体高度，即字高设置为"0"，文字的字高将在使用文字输入时，输入合适的字高。

6. 定义尺寸样式

尺寸标注样式的定义参见第六章的有关介绍，因为 AutoCAD 2014 是美国公司开发的软件，对尺寸标注，我国的国家标准与美国的标准有较大的差异，AutoCAD 2014 默认的标注样式不适用于我国，因此，应根据我国制图标准的规定定义尺寸标注样式。本样板文件按以下要求定义尺寸标注样式。

（1）在"ISO-25"标注样式的基础上新建尺寸样式"国标"，各参数设置如下：

①"线"选项卡：设置尺寸界线"超出尺寸线"2.5，"起点偏移量"1；设置尺寸线"基线间距"7。

②"符号和箭头"选项卡："箭头"选"建筑标注"。

③"文字"选项卡："文字样式"选"国标"，"文字高度"为 3.5。

④"调整"选项卡："调整选项"修改为"文字"，"标注特征比例"的"使用全局比例"为 1。

⑤"主单位"选项卡："线性标注"的"单位格式"选"小数"，"精度"取 0.0，"小数分隔符"选择"."（句点），"测量单位比例""比例因子"为 1；角度标注"单位格式"选择"十进制度数"，"精度"为"0.0"。

⑥"换算单位"和"公差"选项卡在土木建筑绘图中没有用到所以不用修改其设置。

注意：标注样式设置中"调整"选项卡的"使用全局比例"和"主单位"选项卡的"比例因子"在样板文件中均设置为 1，绘图时根据具体处理方法来确定这两个选项中的参数设置为何值，详见本章第三节。

其他采用系统默认值。

（2）在尺寸样式"国标"的基础上定义用于"线性标注"的子样式：

①"符号和箭头"选项卡："箭头"设置为"建筑标记"。

②"文字"选项卡："文字对齐"选"ISO 标准"。

（3）在尺寸样式"国标"的基础上定义用于"半径标注"的子样式：

①"符号和箭头"选项卡："箭头"设置为"实心闭合"。

②"文字"选项卡："文字对齐"选"ISO 标准"。

③"调整"选项卡：选中"手动放置文字"。

（4）在尺寸样式"国标"的基础上定义用于"直径标注"的子样式：

"符号和箭头"选项卡："箭头"设置为"实心闭合"。

"文字"选项卡："文字对齐"选"ISO 标准"。

"调整"选项卡：选中"手动放置文字"。

（5）在尺寸样式"国标"的基础上再定义用于"角度标注"的子样式：

"符号和箭头"选项卡："箭头"设置为"实心闭合"。

"文字"选项卡："文字对齐"选"水平"。

设置完成后的标注样式，如图 8-5 所示。

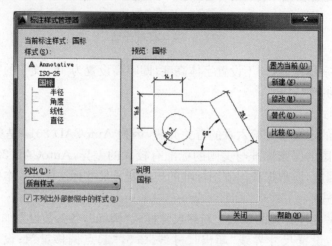

图 8-5　标注样式设置

注意：尺寸样式中的参数项目比较多，除上面设置内容外，若对某些项目有具体要求，绘图时可根据要求单独修改。

7. 绘制图幅、图框和标题栏

《房屋建筑制图统一标准》对图框线、标题栏外框等规定了固定的线宽。在相应的图层上绘制图幅线、图框线和标题栏，一定要将对象的图线要求分清楚，例如图幅线是细实线，图框线是粗实线，因此正确的做法是先将相应的图层设置为当前图层，然后再绘制对象。标题栏的外框是粗实线，内部的分隔线是细实线，标题栏中的文字应当注写在"文字标注"层上。标题栏中的文字使用"汉字"文字样式，并在制作样板文件时添加，对于固定的内容直接书写，如标题栏中的"制图"、"审核"、"比例"、"图号"等，对于不固定的内容也添加文字，如图名、设计单位等，并使文字居中布置，使用时直接修改文字就可以了。

注意：AutoCAD 2014 提供了表格功能，该表格功能对于处理图中的工程数量表比较方便，但是像标题栏这样表格行宽、列高有具体要求的，使用表格功能绘制不太方便，所以绘制标题栏时采用画线的方法直接绘制。

8. 保存样板文件

通过前面的操作，绘图环境及常用内容已经设置或绘制完毕，可以将其保存成样板文件了。

执行"应用程序菜单"⇨"另存为"⇨"AutoCAD 样板文件"命令，打开"图形另存为"对话框，如图 8-6 所示。在"文件名"文本框中输入文件的名称比如"A3"。单击"保存"按钮，打开

"样板说明"对话框。在说明选项组中可输入对样板文件的说明，如图 8-7 所示。至此，A3 幅面的样板文件就创建好了。

图 8-6 "图形另存为"对话框

图 8-7 "样板说明"对话框

其实任何现有图形文件都可以作为样板，如果使用现有图形文件作为样板，该图形文件的所有设置都将应用到新的图形文件中。

二、调用样板文件

有了样板文件，以后的绘图工作就可以在样板文件的基础上直接绘制。

执行"新建"命令后，打开"选择样板"对话框。在文件列表中选择已定义的样板文件 A3. dwt，如图 8-8 所示，若样板文件在其他目录下，可打开"搜索"下拉列表框，选择相应的文件夹中的样板文件。然后单击"打开"按钮创建一个新图形文件。此时，新图形文件中包含了样板文件中的所有设置与图形。

图 8-8 调用 A3 样板文件

第三节　绘制工程图时的比例

在手工绘图时,图纸的大小是一定的,物体较大时必须选合适的比例,缩小图形后才能画在图纸上,物体较小时必须放大。使用 AutoCAD 2014 绘图时,绘图区域是无限大的,用户可以直接绘制非常大的图形,而且对于小的图形,绘图时可以将绘图区域放大来显示,再大或者再小的物体都可以按照实际尺寸把它画出来。所以在 AutoCAD 2014 中绘制工程图时,一般情况下是使用 $1:1$ 的比例绘图,然后再把图形放到图框内,使图形与图框匹配起来,这样可以减少绘图时的数据计算,而图形匹配时也确定了这张图的比例。

当图形太大或太小时,图形与图幅匹配的方法有两种:

1. 图形缩放到 n 倍,图幅大小不变

此时若绘图时使用的单位为毫米,则这张图的比例为 $n:1$。当 $n>1$ 时,为放大的比例;当 $n<1$ 时,为缩小的比例。

2. 图形大小不变,图幅缩放到 n 倍

此时若绘图时使用单位为毫米,则这张图的比例为 $1:n$。当 $n>1$ 时,为缩小的比例;当 $n<1$ 时,为放大的比例。

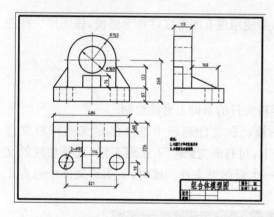

图 8-9　比例为 $1:4$

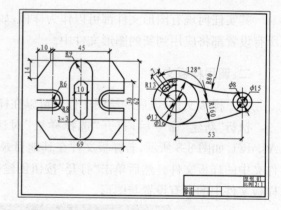

图 8-10　比例为 $2:1$

通过图 8-9 和图 8-10 两图可以更加清楚的了解以上两种处理方法(为看图清楚,图中文字、尺寸数字进行了放大)。

图形与图幅匹配后,图中有些内容需要根据以上两种不同的匹配方法进行相应的修改,需要修改的内容为尺寸标注、文字和线型比例三部分,下面分别以缩放图形和缩放图幅为例进行说明。

(1)若缩放图形,图幅大小不变。

①尺寸标注。若图形缩放到 n 倍,图幅不变:由于图纸幅面的大小没有发生变化,在样板中设置的尺寸标注样式能满足要求,但是在标注尺寸时会发现,尺寸数字的数值和物体真实大小相差了 n 倍,因为图形缩放后图形的绘制尺寸变为了原来的 n 倍,要想直接标注物体的真实大小需要调整标注样式中的"主单位"选项卡中"测量单位比例"中的"比例因子"为 $1/n$,即测量的到得数值 $\times(1/n)$ 为显示的数值。例如:若图 8-9 中图形采用缩小到 $1/4$,则"测量单位比

例"中的"比例因子"需设置为 4,如图 8-11 所示;若图 8-10 中图形采用放大到 2 倍,则"测量单位比例"中的"比例因子"需设置为 1/2(即 0.5),如图 8-12 所示。

此时"调整"选项卡下"标注特性比例"中的"使用全局比例"需设置为 1。

图 8-11 缩小图形到 1/4   图 8-12 放大图形到 2 倍

②文字。若图形缩放到 n 倍,图幅不变时,图中的文字大小按照图纸要求即可,如常用的标题栏中图名文字为 10 号字,则输入时直接输入字高为 10 即可。

③线型比例。若图形缩放到 n 倍,图幅不变时,非连续线型的全局比例因子为 1。

(2)若图形大小不变,缩放图幅

①尺寸标注。若图形大小不变,图幅缩放 n 倍:由于图形大小不变,则标注时测量得到的数值为物体的真实大小,所以"测量单位比例"不需要调整,即"比例因子"为 1。

图幅缩放后,打印时仍然是打印到标准大小的图纸上,即打印时会把图幅放缩到 $1/n$,从而变为标准图幅。如果图中标注尺寸的时候,箭头的大小、文字的大小等,仍为样板文件中的设置,即文字高度为 3.5 mm,打印到图纸中时会缩小到 $3.5/n$,造成文字大小与要求不符的情况,所以需要对标注样式中涉及到"个头"大小的部分,如箭头、文字、起点偏移量、基线间距等参数进行放缩。放缩时不需要单独修改各项中参数值,只要将"调整"选项卡"标注特征比例"中的"使用全局比例"修改为 n 即可。例如:若图 8-9 中采用图幅放大 4 倍,"标注特性比例"中的"使用全局比例"需设置为 4,如图 8-13 所示;若图 8-10 中采用图幅缩小 1/2 倍,"标注特征比例"中的"使用全局比例"需设置为 0.5,如图 8-14 所示。

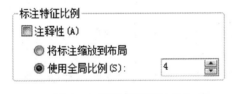
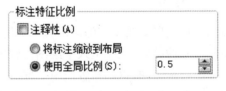

图 8-13 放大图幅到 4 倍   图 8-14 缩小图幅到 1/2

②文字。若图形大小不变,图幅缩放 n 倍时,和尺寸标注相同的道理,文字的大小也需要放缩,放缩的倍数为 n 倍,即标题栏中的 10 号字,输入时需要输入 $10 \times n$ 字高。

③线型比例。若图形大小不变,图幅缩放 n 倍时,非连续线型的全局比例因子比例为 n。

注意:AutoCAD 2014 中提供的非连续线型比较多,例如虚线就有 ACAD_IS002W100、DASHED、HIDDEN 等等多种线型,不同线型中的线段和间隙的长度不同,如图 8-15 所示,所以若按照线型比例为 1 或 n 设置不合适,可根据具体实际需要确定线型比例。

ACAD_IS002W100 ——— —— —— ——— ——

DASHED —— —— —— —— ——

HIDDEN — — — — — — — — — — —

图 8-15 相同线型比例下不同线型比较

除了上面的两种处理图形的方法,绘图时也可以直接把物体的尺寸缩小或放大后再绘图,这种绘图的方法计算数据较多,使用计算机绘图时一般不使用。

第四节　工程图绘图举例

下面以"××梁钢筋布置图"(图 8-16)为例说明工程图绘图的基本方法和过程,该图要求:

(1)绘制到 A3 的图纸上。

(2)按线型设置图层。

(3)图中尺寸标注的文字高度 3.5 mm,投影图名和"附注"字高 7 mm,附注内容字高 5 mm。

绘图过程如下:

一、调用 A3 样板文件创建新文件

在 AutoCAD 2014 打开的情况下,创建一个新的图形文件,在打开的"选择样板"对话框中选择第二节创建的 A3 样板文件,点击打开按钮。

二、绘图环境及相关设置

由于在 A3 样板文件中已经设置好了单位精度、图层、文字样式、标注样式等内容,所以在这里就可以省略掉相应的内容设置。如果没有创建前面的 A3 样板文件,要根据绘图要求对单位精度、图层、文字样式、标注样式等内容进行设置。

三、绘制视图

绘图前首先要对要绘制的图形有所了解,也就是读图,分析各个图形之间有什么关系,图形是如何对应的,确定从哪里入手绘图比较方便。

经读图分析可知,钢筋布置图由三部分内容组成,第一部分为梁立面图和断面图,第二部分为钢筋详图,第三部分为钢筋数量表。其中钢筋详图中的纵向钢筋与立面图使用相同的比例绘制,因此可以先绘制立面图中的钢筋,钢筋详图采用从立面图中复制的方法绘制出来。数量表可直接绘制或采用 Excel 数据表进行计算,再将数据导入 AutoCAD 中。经过前面的分析,确定首先绘制梁立面图和断面图,然后绘制钢筋详图,最后生成数据表。

1. 立面图和断面图

使用原图中所给的结构尺寸,将"细实线"图层设置为当前图层,绘制梁立面图和断面图。

将粗实线图层设置为当前图层,绘制结构中钢筋线。考虑该结构中钢筋未给钢筋保护层厚度,设保护层厚度为 25 mm,绘制梁结构内部钢筋。

绘制断面图钢筋时,仅绘制断面中的箍筋,纵筋在断面图中的断面为示意,一般采用直径 1 mm 的黑圆点,圆点的大小受到绘图比例大小的影响,因此待确定图纸比例后再绘制。

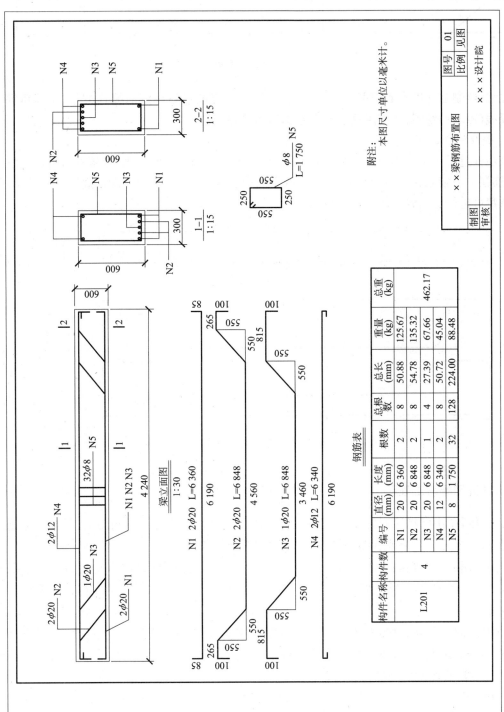

钢筋表

构件名称	构件数	编号	直径(mm)	长度(mm)	根数	总根数	总长(mm)	重量(kg)	总重(kg)
L201	4	N1	20	6 360	2	8	50.88	125.67	462.17
		N2	20	6 848	2	8	54.78	135.32	
		N3	20	6 848	1	4	27.39	67.66	
		N4	12	6 340	2	8	50.72	45.04	
		N5	8	1 750	32	128	224.00	88.48	

图 8-16　××梁钢筋布置图

完成后如图 8-17 所示。

图 8-17　立面图和断面图

注意：绘制立面图和断面图中的钢筋时，为了后期提取钢筋详图时操作方便，可将钢筋使用多段线（PLine）绘制，或使用直线绘制后编辑为多段线。

2. 提取钢筋详图

该步骤过程比较简单，只需要使用复制命令将各条钢筋线复制出来，放置在合适的位置即可（钢筋摆放时需预留后期标注钢筋尺寸的空间）。完成后如图 8-18 所示，箍筋尺寸较小，为表示清楚可进行适当放大。

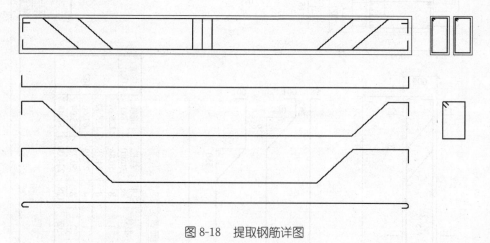

图 8-18　提取钢筋详图

四、匹配图幅与工程图

由于样板图中已经绘制好了 A3 标准图幅，所以这里就省略掉了绘制图幅、图框和标题栏的过程，只需要放大图幅或者缩小图形，使图幅与图形能够匹配。

本图采用放大图幅的方法，经过分析和试放大，最终确定图幅放大 30 倍可以较好地把图形套在图框的内部，因此将图幅放大 30 倍，即该图的比例为 1∶30，并将绘制好的图形移动到图框内部。

匹配图幅与工程图时需考虑要有适当的空白空间，因为图中还要标注尺寸、书写视图名称、放置钢筋数量表、书写技术要求等，图中必须有足够的空间来布置这些内容，因此使用移动（Move）命令调整图元之间的位置。

由于断面图尺寸较小，为使图形表达清晰，此处使用缩放命令将断面图放大至原来的 2倍，即断面图比例为 1∶15。

匹配完成后效果如图 8-19 所示。

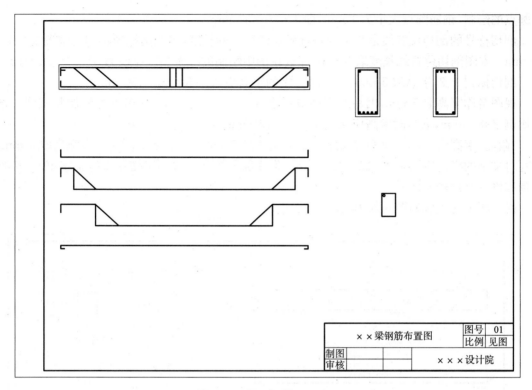

××梁钢筋布置图			图号	01
			比例	见图
制图			××× 设计院	
审核				

图 8-19　图形与图幅匹配后

五、标注尺寸

按照国标及工程图要求标注尺寸,本图中尺寸分为两类:结构尺寸和钢筋尺寸,需要创建不同标注样式分别用于两种情况。本图图幅放大 30 倍,因此所有标注样式中"标注特征比例"中的"使用全局比例"均设置为 30。

立面图比例为 1∶30,尺寸标注可使用样板中的标注样式,仅修改全局比例为 30,并完成立面图尺寸标注。

断面图使用的比例为 1∶15,因此需新建标注样式,将全局比例设置为 30,并将测量比例因子改为 0.5,并完成断面图尺寸标注。

钢筋尺寸标注与结构图不同,需新建钢筋尺寸标注样式,将全局比例设置为 30,并将尺寸线和尺寸界线都隐藏,并完成钢筋详图尺寸标注。

六、补全图面信息

该部分内容以文字形式和符号形式进行书写,这些内容在标注时应当注意规范性和准确性,例如符号一定要按照国家规定的形式和大小来绘制,必要时,可以利用图块和属性块进行标注,以提高绘图效率。本图中有钢筋编号、钢筋详图中的钢筋信息、立面图图名、比例、断面图剖切位置及断面图图名和附注信息等内容。

钢筋编号等信息使用 3 mm 字高,书写时文字的字高应该是 3×30＝90 mm,按图添加标记。钢筋等级符号若字体中没有,可使用图块的方法创建并插入。同时完成断面图中的钢筋黑圆点的绘制,钢筋圆点大小为 1 mm,即 1×30＝30 mm。

剖切符号的剖切位置线是与结构垂直粗实线线条的长度,根据国标规定剖切位置线长6～10 mm。本图剖切位置线长度取 8 mm,那么在图中绘制的线条长度应该为 8×30＝240 mm。

剖切标记1、2,字高取 5 mm,书写时文字的字高应该是 5×30＝150 mm。

视图名称字高取 5 mm,书写时字高应该是 5×30＝150 mm。图名下方绘制粗实线。图中比例字高 4 mm,书写时字高应该是 4×30＝120 mm。

"附注"字高取 5 mm,书写时文字的字高应该是 5×30＝150 mm,附注内容字高取 4 mm,书写时文字的字高应该是 4×30＝120 mm。附注部分为文字说明可使用多行文字书写,后期编辑和修改时比较方便。

以上两步完成后如图 8-20 所示。

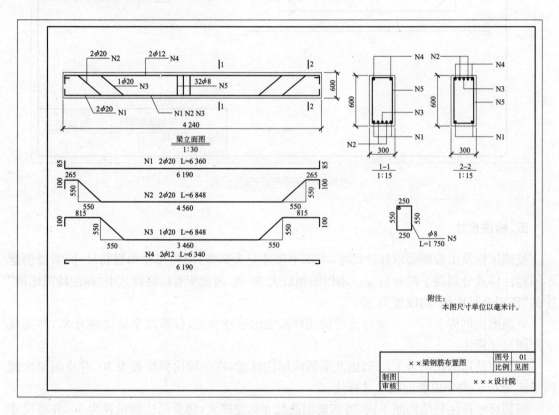

图 8-20　标注尺寸

注意:因图形与图框匹配时,是放大的图框,则在图中添加尺寸标注、文字等有大小要求的内容时,必须考虑这些内容放大同样的倍数,本图为放大 **30 倍**。

七、绘制钢筋数量表

AutoCAD 提供了表格功能,本图中的数量表可以通过定义表格样式,绘制数量表,也可以使用"Line"命令绘制表格,并填写表格中的数量。

当工程图中有大量的工程数量需要统计,手工计算数据速度慢且容易出错,因此数量表的计算多数都是在数据表格中完成的,下面介绍如何将数据表中的数据导入 AutoCAD。

根据图中所给的钢筋信息,按照图中数量表格的形式设置数据表(表格中"单位重"用于计算钢筋重量),并使用数据表的计算功能计算图中钢筋数据,如图 8-21 所示,最后将数据导入 AutoCAD。

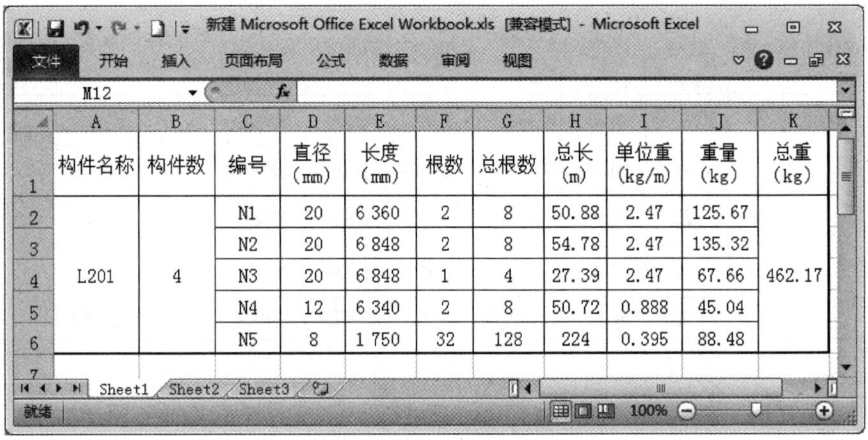

构件名称	构件数	编号	直径 (mm)	长度 (mm)	根数	总根数	总长 (m)	单位重 (kg/m)	重量 (kg)	总重 (kg)
		N1	20	6 360	2	8	50.88	2.47	125.67	
		N2	20	6 848	2	8	54.78	2.47	135.32	
L201	4	N3	20	6 848	1	4	27.39	2.47	67.66	462.17
		N4	12	6 340	2	8	50.72	0.888	45.04	
		N5	8	1 750	32	128	224	0.395	88.48	

图 8-21　数据表整理计算

钢筋数据导入 AutoCAD 中可使用"选择性粘贴"中的"Microsoft Excel 工作表",如图 8-22 所示,可将数据表以 OLE(对象连接与嵌入)形式导入,如图 8-23 所示,该方法的优点是:使用右键功能可打开原始数据进行编辑;缺点是:不能使用 AutoCAD 中的命令进行编辑。

图 8-22　选择性粘贴对话框

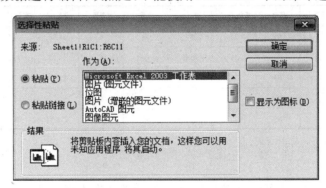

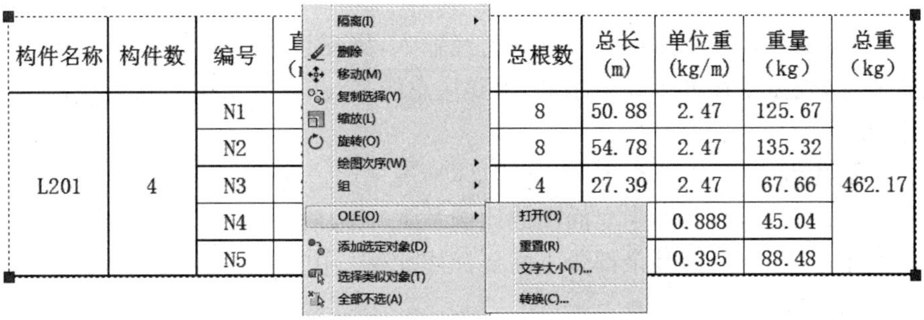

图 8-23　"Microsoft Excel 工作表"OLE 数据表

还可以使用"AutoCAD 图元"形式导入数据,导入后如图 8-24 所示,该方法的优点是:导入的数据使用 AutoCAD 中的表格样式,并可以使用 AutoCAD 命令进行编辑;缺点是:后期数据不能再导入数据表进行修改。

构件名称	构件数	编号	直径 (mm)	长度 (mm)	根数	总根数	总长(m)	单位重 (kg/m)	重量 (kg)	总重 (kg)
L201	4.00	N1	20.00	6 360.00	2.00	8.00	50.88	2.47	125.67	462.17
		N2	20.00	6 848.00	2.00	8.00	54.78	2.47	135.32	
		N3	20.00	6 848.00	1.00	4.00	27.39	2.47	67.66	
		N4	12.00	6 340.00	2.00	8.00	50.72	0.89	45.04	
		N5	8.00	1 750.00	32.00	128.00	224.00	0.40	88.48	

图 8-24 "AutoCAD 图元"数据表

由于本表格形式、单位精度等需要设置,因此使用"AutoCAD 图元"的方法导入表格,然后使用分解(explode)命令进行分解,再按照格式要求进行修改,最终得到效果如图 8-25 所示。

钢筋表

构件名称	构件数	编号	直径 (mm)	长度 (mm)	根数	总根数	总长(m)	重量 (kg)	总重 (kg)
L201	4	N1	20	6 360	2	8	50.88	125.67	462.17
		N2	20	6 848	2	8	54.78	135.32	
		N3	20	6 848	1	4	27.39	67.66	
		N4	12	6 340	2	8	50.72	45.04	
		N5	8	1 750	32	128	224.00	88.48	

图 8-25 调整后数据表

导入数据表格的方法还可以使用插件,实现快速的数据表格与 AutoCAD 表格的互导。

八、填写标题栏

标题栏有关内容,若在制作样本文件时已经输入,则在该步骤仅需修改文字即可;若样板文件中没有添加,则需要在本步骤中添加,需要注意的是,在本步骤中添加文字时,需要将文字字号放大 30 倍。

标题栏中的比例一栏,需要根据图纸的具体情况书写。本图图幅与图形匹配时以立面图为参考,图幅放大 30 倍,因此图中立面图的比例是 1:30,两断面图在立面图比例基础上放大 2 倍,即断面图比例为 1:15,其余部分不需要标注比例。由于图中出现多种比例因子此标题栏中的比例处填写"见图"。

至此完成整幅工程图的绘制,绘图结果如图 8-26 所示。

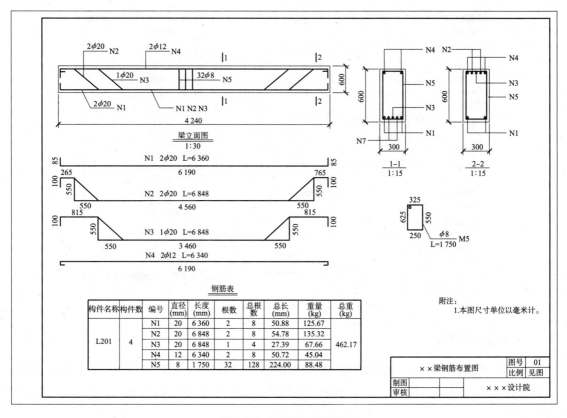

图 8-26　绘制完成钢筋图

九、保存文件和退出

图形文件的保存是一个十分重要的,而且不仅仅是完成全图后才保存,应该养成良好的习惯,在完成一部分图形或时间间隔几分钟都要将文件保存一次,避免由于断电或计算机故障造成的强行退出,引起费工费时的现象。

注意:AutoCAD 2014 在保存文件时会自动生成备份文件(后缀为 . bak),该文件保存的内容是上一次保存时完成的内容。若图形文件丢失或损坏,将备份文件后缀 . bak 改为 . dwg 就可以用 AutoCAD 2014 直接打开了。

第五节　工程图的打印输出

AutoCAD 2014 提供了图形输入与输出接口,不仅可以将其他应用程序中的图形导入AutoCAD,也可以将 AutoCAD 中绘制好的图形打印出来或者将图形传递给其他应用程序,也可以将图纸打印成 Web 图形格式文件(后缀为 dwf),将图纸高效率地分发给需要查看、评审或打印这些数据的任何人。

在 AutoCAD 2014 的"应用程序菜单"中选择"打印"命令将弹出打印对话框,如图 8-27所示。

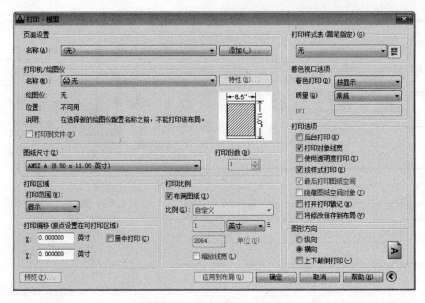

图 8-27 "打印"对话框

一、设置打印样式

打印样式表位于打印对话框的右上角,默认情况下"打印样式表"等右侧项目是隐藏的,可以点击右下角的 ⊙ 将右侧项目显示出来,点击列表的三角形可以看到现有的打印样式列表(图 8-28)。

AutoCAD 中预设了多种打印样式,这里介绍其中的两种,若打印需要的样式与现有的样式均不符,可自行设计打印样式。

1. acad. ctb 样式(图 8-29)

acad 打印样式,该样式使用绘图时设置的对象颜色、对象线型、对象线宽等进行打印,即绘图时设置的属性将在打印时使用,该样式适用于彩色打印。

2. monochrome. ctb 样式(图 8-30)

单色打印样式,该样式打印时图中所有颜色均打印为黑色,同时使用绘图时设置的对象线型、对象线宽等绘图时设置的属性,该样式适用于黑白打印。

在两种打印样式中,可以分别对线宽和淡显等项目进行修改。

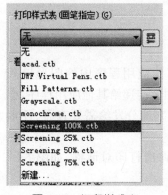

图 8-28 打印样式表

图 8-29 acad 打印样式表

图 8-30 monochrome 打印样式表

二、设置打印机/绘图仪和图纸

如图 8-31 所示,如果使用的电脑连接着打印机,在"打印机/绘图仪"的名称内选择该打印机即可,如果没有连接物理打印机,可以将文件打印为电子文件,如 DWF6 ePlot.pc3 电子打印机可以将文件打印为 DWF 格式。

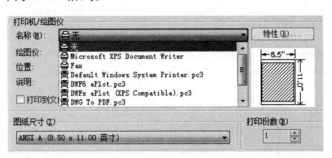

图 8-31　设置打印机和图纸尺寸

"图纸尺寸"项目中会列出选择的打印机对应的图纸号和尺寸,选择需要的图纸,如 A3 图纸幅面。图纸尺寸和图纸的放置情况将在右侧的预览窗口中显示。

三、设置打印区域

如图 8-32 所示,打印范围的选择有多种,通过使用"窗口"选项,在绘图区域中使用矩形框选择要打印的区域,该区域以阴影形式出现在预览窗口。

四、打印比例

如图 8-33 所示,打印比例设置为布满图纸,可是通过窗口设置的打印区域自动缩放,从而与所选择的图纸相匹配。

图 8-32　设置打印范围

图 8-33　打印比例

五、设置打印偏移和图形方向

完成上面的设置后可进行预览,若打印区域在图纸中的位置不合适,可通过打印偏移和图形方向进行调整,如图 8-34 所示。

图 8-34　打印偏移和图形方向

如果打印区域若设置为图幅范围，可以将打印偏移设置为居中打印；如果打印区域设置为图框大小，可以通过设置 X、Y 方向的偏移调整打印区域在图纸上的位置。

设置结果如图 8-35 所示。

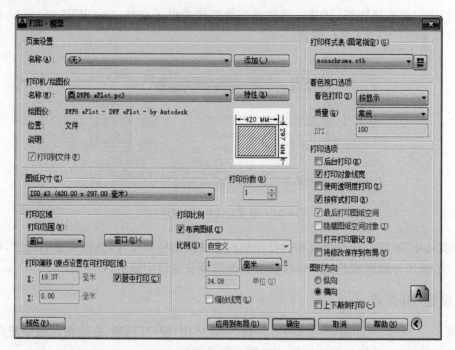

图 8-35　打印设置

设置完成后，点击"确定"可以将图纸打印出来。

注意：打印机的预设图纸会在图纸的上下左右预留一定的尺寸，如需调整可以在打印机特性中添加自定义图纸尺寸。

上 机 实 训

实训一　创建样板文件 A3. dwt

1. 目的要求

通过本实训，练习样板图文件的创建方法。样板图设置内容见本章第二节。

2. 操作提示

详见本章第二节。

实训二　绘制 A3 工程图

1. 目的要求

练习工程图样的绘制步骤及方法。在实训一所创建的样板图的基础上绘制 8-36 所示工程图。

本工程图图名"三视图"，图中尺寸标注文字字高为 3.5，比例自选。

2. 操作提示

本实训与第四节所述绘制过程类似,绘图时可参照第四节内容。

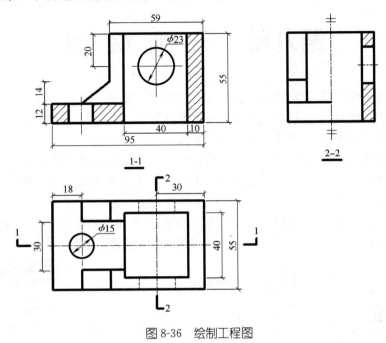

图 8-36　绘制工程图

第九章 三维绘图

二维图形直观性较差,无法观察产品或建筑物的设计效果。为此,AutoCAD 提供了强大的三维绘图功能,利用它可以绘制出形象逼真的立体图形,使一些在二维平面中无法表达的东西能够清晰地出现在屏幕上,就像一幅生动的照片。

要快速而准确地绘制三维图形,只在以前所讲的二维图形空间中操作是无法实现的,还要进行一些辅助的设置。其中工作空间的切换、用户坐标系以及观察显示三维模型在三维作图中具有非常重要的作用。

本章主要介绍以下内容:切换三维建模工作空间,三维视点的设置,用户坐标系,创建三维实体,三维实体的布尔运算,三维图形的编辑,三维图形的消隐、视觉样式。

第一节 切换工作空间

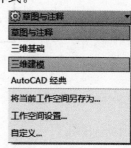

为方便三维作图,AutoCAD 2014 专门设置了三维建模空间。需要使用时,只需要从快速访问工具栏的工作空间下拉列表中选择"三维建模"选项即可,工作空间下拉列表如图 9-1 所示。

选择"三维建模"工作空间以后,整个工作界面转换成专门为三维建模设置的环境,如图 9-2 所示。

图 9-1 工作空间下拉列表

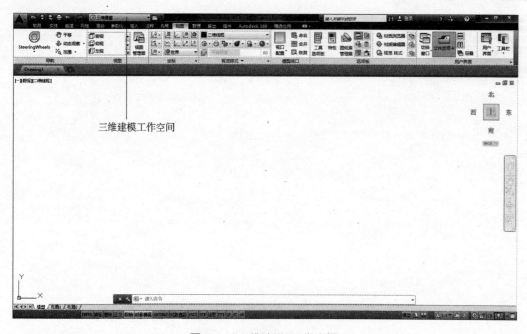

三维建模工作空间

图 9-2 "三维建模"工作空间

第二节 设置三维视点

一、三维视点概述

绘制二维图形时,所进行的绘图工作都是在 XY 坐标面上进行的,绘图的视点不需要改变。但在绘制三维图形时,一个视点往往不能满足观察物体各个部位的需要,用户常常需要变换视点,从不同的方向来观察三维物体。

二、设置三维视点

可通过下面的途径之一设置三维视点:

● 功能区:"视图"选项卡"视图"面板中的"西南等轴侧"、"东南等轴侧"等选项,如图 9-3 所示。

● 下拉菜单:"视图"⇨"三维视图"子菜单,如图 9-4 所示。

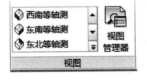

图 9-3 "视图"面板

图 9-4 "三维视图"子菜单

例如一个长方体,俯视图(平面图)中显示为一个长方形,如图 9-5 所示。要显示为一个长方体,可以将视点改变为"西南等轴侧"(功能区:"视图"选项卡⇨"视图"面板⇨"西南等轴侧"),如图 9-6 所示。

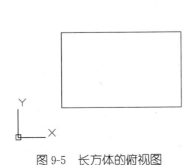

图 9-5 长方体的俯视图

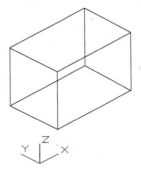

图 9-6 长方体的西南等轴测图

第三节　建立用户坐标系 UCS

一、用户坐标系的概念

AutoCAD 通常是在基于当前坐标系的 XY 平面上进行绘图的,这个 XY 平面称为构造平面。AutoCAD 初始设置的坐标系,其构造平面平行于水平面,在二维环境中作图,通常只是改变坐标原点的位置,而不改变构造平面的位置。但在三维环境下绘制三维图形时,经常需要在除水平面以外的其他平面上作图,此时若仍然保持原来的构造平面不变,绘图将十分不便。如图 9-7 所示要在斜坡屋面上打一个垂直于屋面的圆洞,如果在构造平面平行于水平面的环境中完成是不可能的;若将构造平面建立在屋面上,作图就很方便。用户根据绘图需要自己建立坐标系,我们称之为用户坐标系(UCS)。

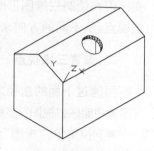

图 9-7　用户坐标系 UCS

二、在三维绘图中定义用户坐标系

定义用户坐标系(UCS)就是改变坐标系原点以及 XY 坐标面(即构造平面)的位置和坐标轴的方向。在三维空间中,UCS 原点以及 XY 坐标面的位置和坐标轴的方向可以任意改变,也可随时定义、保存和调用多个用户坐标系。

1. 定义用户坐标系 UCS 的途径

●下拉菜单:"工具"⇨"新建 UCS"子菜单,如图 9-8(a)所示。其中 ⼌ 原点(N) 用于定义坐标原点; ⼳、⼲、⼱,分别用于将坐标系绕 X、Y、Z 轴旋转。

●功能区:"常用"选项卡"坐标"面板,如图 9-8(b)所示。

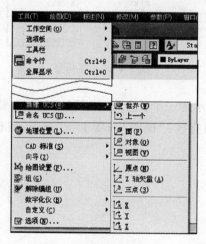

(a)　"新建UCS"子菜单

(b)　"坐标"面板

图 9-8　"新建 UCS"子菜单和"坐标"面板

2. 在三维绘图中定义 UCS 举例

【例 9-1】　在长方体的前表面上画圆,如图 9-9(e)所示。

作图步骤如下：

(1)绘制长方体。选择功能区："绘图"选项卡"建模"面板"长方体"![长方体]按钮,然后在绘图区中按下鼠标左键并拖动以确定长方体的长和宽,再根据提示确定长方体的高度,即生成一个长方体,如图 9-9(a)所示。

(2)设置视点。单击功能区："视图"选项卡"视图"面板"西南等轴侧"选项,结果如图 9-9(b)所示。

(3)改变坐标原点。单击功能区："常用"选项卡"坐标"面板"原点"![L]按钮,再单击"对象捕捉"工具栏中的"捕捉到端点"按钮,然后拾取长方体左前下方的角点,UCS 如图 9-9(c)所示。

(4)使坐标系绕 X 轴旋转 90°。单击功能区："常用"选项卡"坐标"面板![按钮并回车,坐标系绕 X 轴旋转 90°。此时 UCS 的 XY 坐标面与长方体的前表面重合,如图 9-9(d)所示。

(5)在当前 UCS 平面内画圆,如图 9-9(e)所示。

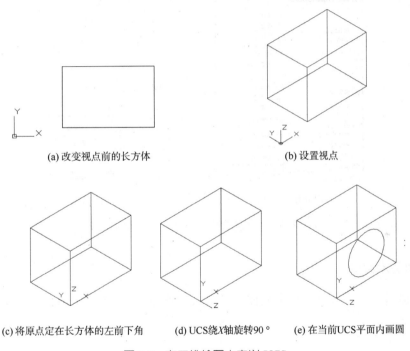

(a) 改变视点前的长方体   (b) 设置视点

(c) 将原点定在长方体的左前下角   (d) UCS绕X轴旋转90°   (e) 在当前UCS平面内画圆

图 9-9   在三维绘图中定义 UCS

第四节   三维实体造型

一、三维实体造型概述

三维实体(Solid)是三维图形中最重要的部分,它具有实体的特征,即其内部是实心的,用户可以对三维实体进行打孔、切割、挖槽、倒角以及进行布尔运算等操作,从而形成具有实际意义的物体。在实际的三维绘图工作中,三维实体是最常见的。

三维实体造型的方法通常有以下三种：

(1)利用 AutoCAD 提供的绘制基本实体的相关命令,直接输入基本实体的控制尺寸,由 AutoCAD 自动生成。

(2)由当前 UCS 的 XY 坐标面上闭合的二维图形,沿 Z 轴方向或指定的路径拉伸而成。

(3)由闭合的二维图形绕同一平面内的回转轴旋转而成。

(4)将(1)、(2)和(3)所创建的实体进行并、交、差运算从而得到更加复杂的形体。

在对实体进行消隐、着色、渲染之前,实体以线框方式显示。系统变量 Isolines 用于控制以线框显示时曲面的素线数目;系统变量 Facetres 用于调整消隐和渲染时的平滑度,其值越大,实体表面越平滑。

执行实体造型的途径通常是切换到"三维建模"工作空间,在功能区:"常用"选项卡"建模"面板[图 9-10(b)]中单击相应按钮。若在"AutoCAD 经典"工作空间则通过"建模"菜单("绘图"⇨"建模"子菜单)中的相应选项。"建模"面板和"建模"子菜单,如图 9-10 所示。

(a)"建模"子菜单

(b)"建模"面板

图 9-10 "建模"子菜单与"建模"面板

二、创建基本实体

基本实体包括长方体、球体、圆柱体、圆锥体、楔形体、圆环体。下面分别介绍这些基本实体的绘制方法。

1. 长方体

长方体由底面的两个对角顶点和长方体的高度定义,如图 9-11 所示。可用下面三种方法之一激活长方体命令:

●下拉菜单:"绘图"⇨"建模"⇨"长方体"。

●功能区:"常用"选项卡"建模"面板"长方体" 按钮。

●命令行:BOX。

激活长方体命令,此时绘制长方体的命令行提示及操作步骤如下:

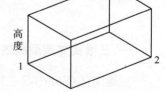

图 9-11 确定长方体的要素

命令:_box

指定第一个角点或 [中心(C)]:(指定底面第一个角点 1 的位置)

指定其他角点或［立方体（C）/长度（L）］:(指定对角顶点 2 的位置)

指定高度或［两点（2P）］:(从键盘输入高度值,也可用鼠标在屏幕指定一距离(当前点到点 2 的距离)作为长方体的高度)

完成长方体的作图,如图 9-11 所示。

2. 球体

球体由球心的位置及半径或直径定义。激活球体命令有以下三种途径:

● 下拉菜单:"绘图"⇨"建模"⇨"球体"。

● 功能区:"常用"选项卡"建模"面板"球体"按钮。

● 命令行:SPHERE 。

激活球体命令,此时绘制球体的命令行提示及操作步骤如下:

命令:_sphere

指定中心点或［三点（3P）/两点（2P）/相切、相切、半径（T）］:(指定一点作为球心位置)

指定半径或［直径（D）］<默认值>:(从键盘输入半径,也可用鼠标在屏幕指定一点,该点到球心的距离为半径)

完成球体的作图,经消隐后如图 9-12 所示。

3. 圆柱体

圆柱体由底圆中心、半径(或直径)和圆柱的高度确定。激活圆柱体命令有以下三种途径:

图 9-12　球体

● 下拉菜单:"绘图"⇨"建模"⇨"圆柱体"。

● 功能区:"常用"选项卡"建模"面板"圆柱体"▢按钮。

● 命令行:CYLINDER。

激活圆柱体命令,此时绘制圆柱体的命令行提示及操作步骤如下:

命令:_cylinder

指定底面的中心点或［三点（3P）/两点（2P）/相切、相切、半径（T）/椭圆（E）］:(指定一点作为底圆中心位置)

指定底面半径或［直径（D）］<默认值>:(从键盘输入半径;也可用鼠标在屏幕指定一距离作为半径)

指定高度或［两点（2P）/轴端点（A）］<默认值>:(从键盘输入高度;也可用鼠标在屏幕指定一距离作为高度)

完成圆柱的作图,经消隐后如图 9-13 所示。

图 9-13　圆柱体

4. 圆锥体

圆锥体由圆锥体的底圆中心、半径(或直径)和圆锥的高度确定。激活圆锥体命令有以下三种途径:

● 下拉菜单:"绘图"⇨"建模"⇨"圆锥体"。

● 功能区:"常用"选项卡"建模"面板"圆锥体"△按钮。

● 命令行:CONE。

激活圆锥体命令,此时绘制圆锥体的命令行提示及操作步骤如下:

命令:_cone

指定底面的中心点或[三点(3P)/两点(2P)/相切、相切、半径(T)/椭圆(E)]:(指定一点作为底圆中心位置)

指定底面半径或[直径(D)]<默认值>:(从键盘输入半径;也可用鼠标在屏幕指定一距离作为半径)

指定高度或[两点(2P)/轴端点(A)/顶面半径(T)]<默认值>:(从键盘输入高度;也可用鼠标在屏幕指定一距离作为高度)

完成圆锥的作图,经消隐后如图 9-14 所示。

5. 圆环体

圆环体由圆环的中心、圆环的直径(或半径)和圆管的直径(或半径)确定。
激活圆环体命令有以下三种途径:

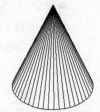

图 9-14　圆锥体

● 下拉菜单:"绘图"➡"建模"➡"圆环体"。

● 功能区:"常用"选项卡"建模"面板"圆环体"◎按钮。

● 命令行:TORUS 。

激活圆环体命令,此时绘制圆环体的命令行提示及操作步骤如下:

命令:_torus

指定中心点或[三点(3P)/两点(2P)/相切、相切、半径(T)]:(指定一点作为圆环中心位置)

指定半径或[直径(D)]<默认值>:(从键盘输入半径值;也可用鼠标在屏幕指定一距离作为半径)

指定圆管半径或[两点(2P)/直径(D)]:(从键盘输入圆管半径值;也可用鼠标在屏幕移动一距离作为半径)

图 9-15　圆环体

完成圆环的作图,经消隐后如图 9-15 所示。

6. 棱锥体

棱锥体由棱面数、底面中心、地面多边形的外接圆(或内切圆)的半径、高度所确定。激活棱锥体的命令有以下三种途径:

● 下拉菜单:"绘图"➡"建模"➡"棱锥体"。

● 功能区:"常用"选项卡"建模"面板"棱锥体"◇按钮。

● 命令行:PYRAMID。

激活棱锥体命令,此时绘制棱锥体的命令行提示及操作步骤如下:

命令:_pyraid

4 个侧面　外切

指定底面的中心点或[边(E)/侧面(S)]:_S(输入选项 S 以设定棱锥体的棱面数)

输入侧面数 <4>:_5(输入棱面数 5,绘制五棱锥体)

指定底面的中心点或[边(E)/侧面(S)]:(在绘图区适当位置指定棱锥底面中心点)

指定底面半径或[外切(C)]<默认外接圆半径值>:(从键盘输入圆的半径,或者用鼠标

指定)

指定高度或 [两点(2P)/轴端点(A)/顶面半径(T)] <默认高度值>:(从键盘输入高度值,或用鼠标指定)

完成棱锥体的作图,如图 9-16 所示。

7. 楔体

楔体由底面的一对对角顶点和楔体的高度确定,其斜面正对着第一角点,底面位于 UCS 的 XY 平面上,与底面垂直的四边形通过第一个角点且平行于 UCS 的 YZ 坐标面,如图 9-17 所示。激活楔体命令有以下三种途径:

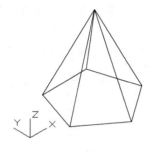

图 9-16 棱锥体

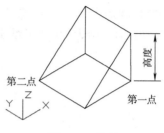

图 9-17 楔体

● 下拉菜单:"绘图"⇨"建模"⇨"楔体"。

● 功能区:"常用"选项卡"建模"面板"楔体" 按钮。

● 命令行:WEDGE。

激活楔体命令,此时绘制楔体的命令行提示及操作步骤如下:

命令:_wedge

指定第一个角点或 [中心(C)]:(指定底面第一个角点的位置)

指定其他角点或 [立方体(C)/长度(L)]:(指定底面对角顶点的位置)

指定高度或 [两点(2P)] <默认值>:(从键盘输入高度值;也可用鼠标在屏幕指定一距离作为高度)

完成楔体的作图,如图 9-17 所示。

注:楔体实际上是一个直角三棱柱,两个对角点决定了一个直角棱面,该棱面位于 XY 平面内,与其垂直的另一个棱面通过第一点且与 YZ 平面平行。

三、通过拉伸创建实体

将封闭的二维多段线、多边形、圆、椭圆等对象,沿某一指定路径进行拉伸可以得到三维实体,如图 9-18 所示。拉伸的过程中不但可以指定拉伸的高度,还可以使截面沿拉伸方向发生变化。

激活拉伸实体命令可以有以下三种途径:

● 下拉菜单:"绘图"⇨"建模"⇨"拉伸"。

● 功能区:"常用"选项卡"建模"面板"拉伸" 按钮。

● 命令行:EXTRUDE。

通过拉伸创建实体的方法和步骤如下：

(1)在当前 UCS 的 *XY* 平面上绘制封闭的二维多段线（或圆、多边形、椭圆等对象），如图 9-18(a)所示。

(2)激活拉伸实体命令，此时命令行提示如下：

命令：_extrude

当前线框密度：ISOLINES＝4

选择要拉伸的对象：(选择所画好的闭合图形)

选择要拉伸的对象：(回车结束选择)

指定拉伸的高度或［方向(D)/路径(P)/倾斜角(T)］＜默认值＞：［输入拉伸高度(或输入 P 以指定拉伸路径或输入 T 以指定倾斜角度)］

当输入拉伸高度后回车即可生成三维实体。消隐后的三维实体如图 9-18(b)所示。

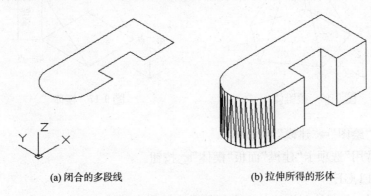

(a) 闭合的多段线　　　　　　　　　(b) 拉伸所得的形体

图 9-18　拉伸实体

注意：拉伸路径可以是直线也可以是曲线。若不指定拉伸的路径，二维图形将沿 *Z* 轴方向进行拉伸；拉伸高度为正值时，沿 *Z* 轴的正方向拉伸，负值时沿 *Z* 轴的负方向拉伸；若拉伸的倾斜角为 0 度(缺省值)，则拉成柱体；若指定拉伸路径，则二维图形将沿拉伸路径所确定的方向和距离进行拉伸，拉伸过程不产生倾斜角。

四、通过旋转创建实体

将封闭的二维对象绕同平面且不相交的轴旋转而形成三维实体。用于旋转生成三维实体的二维对象可以是圆、椭圆、闭合的二维多段线。

激活旋转命令有以下三种途径：

●下拉菜单："绘图"⇨"建模"⇨"旋转"。

●功能区："常用"选项卡"建模"面板"旋转"按钮。

●命令行：REVOLVE 。

下面以图 9-19 为例介绍通过旋转命令创建实体的方法和步骤：

为使旋转轴平行于正立面，需改变视点：

单击功能区："视图"选项卡"视图"面板"前视"，此时 UCS 的 *XY* 平面与正立面平行(但我们看到的是向正立面投影的二维图形)。

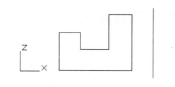

(a) 在主视图中绘制的二维对象和旋转轴　　　　(b) 生成的回转体

图 9-19　旋转实体

（1）在当前 UCS 的 *XY* 平面上用二维多段线绘制闭合的二维图形和旋转轴，如图 9-19（a）所示。

（2）激活 Revolve 命令，此时命令行提示及操作过程如下：

命令：_revolve

当前线框密度：ISOLINES＝4

选择要旋转的对象：（拾取要旋转的二维图形）

选择要旋转的对象：（回车结束选择）

指定轴起点或根据以下选项之一定义轴［对象(O)/X/Y/Z］＜对象＞：（利用对象捕捉拾取回转轴的两端点；或者输入"O"以便拾取一直线作为旋转轴；也可以指定 *X*、*Y*、*Z* 轴作为旋转轴）。

指定旋转角度＜360＞：（回车取缺省值完成作图）

（3）单击功能区："视图"选项卡"视图"面板"西南等轴测"选项，图形窗口显示轴测图的线框模型。

（4）单击功能区："视图"选项卡"视觉样式"面板"隐藏"按钮，显示消隐后的轴测图。如图 9-19（b）所示。

第五节　三维实体的布尔运算

在三维绘图中，复杂的实体往往不能一次生成，一般都是由相对简单的实体通过布尔运算组合而成的。布尔运算就是对多个三维实体进行求并、求交、求差的运算，使他们进行组合，最终形成用户所需要的实体。

AutoCAD 提供了三种布尔运算操作，它们分别是：

● 并集（Union）。

● 差集（Subtract）。

● 交集（Intersect）。

一、并　集

并集运算就是将两个或两个以上三维实体合并成一个三维实体。可通过下面的三种途径之一激活并集命令：

● 下拉菜单："修改" ⇨ "实体编辑" ⇨ "并集"，菜单位置如图 9-20 所示。

● 功能区："实体"选项卡"布尔值"面板"并集"按钮。

"常用"选项卡"实体编辑"面板"并集"按钮。

● 命令行：UNION 。

激活"并集"命令后，AutoCAD 提示：

命令：_union

选择对象：

此时只要选择要进行合并的实体，按回车键便完成合并操作。两个实体合并前后如图 9-21 所示。

图 9-20 并、交、差的菜单位置

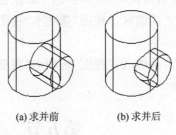

(a) 求并前 　　　　(b) 求并后

图 9-21 并集

二、差集运算

差集就是从一个实体中减去另一个(或多个)实体，生成一个新的实体。可以通过下面的三种途径之一激活并集命令：

● 下拉菜单："修改" ⇨ "实体编辑" ⇨ "差集"见图 9-20。

● 功能区："实体"选项卡"布尔值"面板"差集"按钮。

"常用"选项卡"实体编辑"面板"差集"按钮。

● 命令行：SUBTRACT。

激活差集命令后，AutoCAD 提示及操作过程如下：

命令：_subtract

选择要从中减去的实体或面域…

选择对象：(选择被减的实体，如图 9-22(a)中的圆端形板)

选择对象:(按回车键结束选择)

选择要减去的实体或面域…

选择对象:(选择要减去的一组实体,如图 9-22(a)中的圆柱体,按回车键结束选取,完成差集运算)。

两个实体差集运算前后如图 9-22 所示。

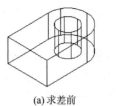

(a)求差前　　　　(b)求差后

图 9-22　差集

三、交　集

交集运算就是将两个或两个以上的三维实体的公共部分形成一新的三维实体,而每个实体的非公共部分将会被删除。可通过下面的三种途径之一激活交集命令:

● 下拉菜单:"修改"⇨"实体编辑"⇨"交集"。

● 功能区:"实体"选项卡"布尔值"面板"交集"◎按钮。

"常用"选项卡"实体编辑"面板"交集"◎按钮。

● 命令行:INTERSECT。

激活交集命令后,AutoCAD 提示及操作如下:

命令:_intersect

选择对象:(选择进行交集运算的实体,图 9-23(a)中的半球和长方体)

选择对象:(回车完成求交运算)

经交集运算并消隐后得到的三维实体如图 9-23(b)所示。

(a)求交前　　　　(b)求交后

图 9-23　交集

第六节　三维实体造型的综合举例

创建图 9-24 所示组合体的三维模型。

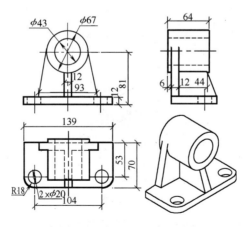

图 9-24　组合体

(1)在平面视图中用矩形命令绘制矩形、倒圆角、画两个小圆,如图 9-25(a)所示。

(2)设置视点:功能区"视图"选项卡⇨"视图"面板⇨"西南等轴测",如图 9-25(b)所示。

(3)将外框和两个小圆同时进行拉伸,并将所得的实体进行差集运算,得到组合体的底板,如图 9-25(c)所示。

（4）移动 UCS，使原点位于底板后上方棱线的中点，并将 UCS 绕 X 轴旋转 90°，如图 9-25 (d)所示。

（5）绘制圆柱筒和立板的后端面，立板的端面为梯形，用多段线绘制，梯形的两腰与圆相切，如图 9-25(e)所示。

（6）分别拉伸立板和圆柱筒的后端面，生成立板和圆柱筒，如图 9-25(f)所示。

（7）将两圆柱沿负 Z 方向平移 6，再将大圆柱与立板合并，合并后再与小圆柱作差集运算，如图 9-25(g)所示。

（8）将 UCS 绕 Y 轴旋转−90°，再将坐标原点沿 Z 轴负方向平移支撑板厚度的一半（即6），并绘制支撑板侧面，侧面上边略高于圆柱面，如图 9-25(h)所示。

（9）将支撑板侧面拉伸 12，并将底板、立板、支撑板、大圆柱进行合并，如图 9-25(i)所示。

至此已完成组合体的建模，可进行消隐观察。

(a) 画底板底面　　　　　　　(b) 改变视点　　　　　　　(c) 拉伸并作布尔运算

(d) 平移并旋转UCS　　　　　(e) 画圆柱筒及立板后端面　　(f) 生成圆柱筒及立板

(g) 旋转UCS并画支撑板侧面　　(h) 生成支撑板　　　　　(i) 调整各部分位置并作布尔运算

图 9-25　三维作图综合举例

第七节　三维实体对象的编辑

用户可以对三维实体进行移动、旋转、阵列、镜像、倒直角、倒圆角、剖切、生成截面、抽壳等操作。其中的移动、旋转、阵列、镜象操作与二维图形类似。这里只介绍几种典型的编辑操作。

一、倒　　角

倒角(chamfer)命令可以用来对三维实体进行倒角处理。利用该命令可以切去实体的外角或填充实体的内角。可通过下面的三种途径之一激活倒角命令：

●下拉菜单："修改"⇨"倒角"。

●功能区："实体"选项卡"实体编辑"面板"倒角边"按钮。

●命令行：CHAMFER。

激活倒角命令后，AutoCAD 提示及操作过程如下：

命令：_chamfer

基面选择…(拾取要倒角的边)

此时包含该边的两个面中有一个显示为虚线(该面称为基面)，若所要倒角的棱边仅一条或不止一条但均位于该面内，则回车；否则输入 N 并回车，则系统将包含该边的另一个面作为基面(显示为虚线)。

指定基面的倒角距离＜缺省值＞：(指定位于基面上的倒角距离或回车接受缺省值)

指定其他曲面的倒角距离＜缺省值＞：(指定倒角的另一个距离或回车接受缺省值)。

选择边或［环(L)］：(再次选择位于基面且要进行倒角的所有边，回车完成倒角操作)

注意：若输入 L 并回车，则可以选择围绕基面的整条边，AutoCAD 自动将基面上的所有边都选中进行倒角处理。圆端形板倒角后如图 9-26(b)所示。

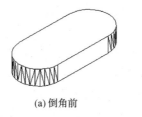

(a) 倒角前　　　　　　　　　　(b) 倒角后

图 9-26　倒直角

二、圆　　角

圆角(fillet)命令可以用来对三维实体的凸边或凹边倒圆角。可通过下面的三种途径之一激活圆角命令：

●下拉菜单："修改"⇨"圆角"。

●功能区："实体"选项卡⇨"实体编辑"面板⇨"圆角"按钮。

●命令行：FILLET。

激活圆角命令后，AutoCAD 提示及操作过程如下：

命令：_fillet

当前模式：模式＝当前值，半径＝当前值

选择第一个对象或［放弃(U)/多段线(P)/半径(R)/修剪(T)/多个(M)］：(选择要倒圆角的一条边)。

输入圆角半径］＜缺省值＞：(输入圆角半径或回车接受缺省值)。

选择边或［链(C)/ 半径(R)］：(选择其他要圆角的边，回车则选中的边都被倒圆角)，如图

9-27(b)所示。

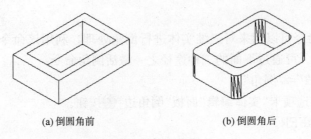

(a) 倒圆角前 (b) 倒圆角后

图 9-27 倒圆角

三、剖切实体

可以将三维实体用剖切平面切开,然后根据需要保留实体的一半或两半都保留。剖切实体的命令是 Slice。设剖切前立体及坐标系如图 9-28(a)所示,剖切实体的方法和步骤如下:

通过下面的三种途径之一激活"剖切"命令:

● 下拉菜单:"修改"⇨"三维操作"⇨"剖切"。

● 功能区:"常用"选项卡"实体编辑"面板"剖切" 按钮。

● 命令行:SLICE 。

激活剖切命令后,AutoCAD 提示及操作过程如下:

命令:_slice

选择对象:〔选择要剖切的三维实体,如图 9-28(a)所示的实体〕

选择对象:(回车确认)

指定切面上的第一个点或依照〔对象(O)/Z 轴(Z)/视图(V)/XY 平面(XY)/YZ 平面(YZ)/ZX 平面(ZX)/三点(3)〕<三点>:zx(用平行于 ZX 坐标面的平面作为剖切平面)

指定 ZX 平面上的点 <0,0,0>:(让剖切平面通过坐标原点)

在要保留的一侧指定点或〔保留两侧(B)〕:B(将两侧都保留下来,如图 9-28(b)所示)。

剖开后,再删除前半部分,结果如图 9-28(c)所示。

若将 UCS 的 XY 平面设置在与切断面共面的位置,则可在切断面上绘制剖面线,如图 9-28(d)所示。

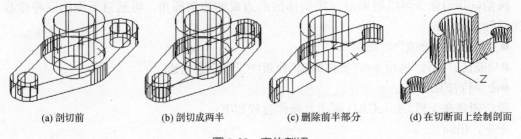

(a) 剖切前 (b) 剖切成两半 (c) 删除前半部分 (d) 在切断面上绘制剖面

图 9-28 实体剖切

四、截 面

用指定的平面对三维实体进行切割,可产生一个截面。产生截面的方法与剖切实体的方法基本相同。

用下面的途径激活截面命令：

●命令行：SECTION。

激活截面命令后，AutoCAD 提示及操作过程如下：

命令：_section

选择对象：(选择要生成截面的实体，如图 9-29(a)所示的实体)

选择对象：(回车确认)

指定截面上的第一个点，依照［对象(O)/Z 轴(Z)/视图(V)/XY 平面(XY)/YZ 平面
(YZ)/ZX 平面(ZX)/三点(3)］<三点>:zx(选择与 ZX 平面平行的平面作为剖切平面)

指定 ZX 平面上的点 <0,0,0>:(回车即可生成截面，如图 9-29(b)所示)

把截面移出实体之外，如图 9-29(c)所示，并对截面进行填充即可得断面图。对截面进行
填充，必须使 UCS 的 XY 平面与截面共面，如图 9-29(d)所示。

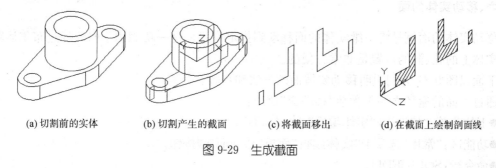

| (a) 切割前的实体 | (b) 切割产生的截面 | (c) 将截面移出 | (d) 在截面上绘制剖面线 |

图 9-29 生成截面

五、拉伸实体的面

拉伸实体的面与用 Extrude(拉伸)命令将一个二维对象拉伸成一个三维实体的操作类
似。用户可将实体的某一个面进行拉伸而形成另一个实体，所形成的实体被加入到原有的实
体中。

通过下面的途径可激活"拉伸面"命令：

●下拉菜单："修改"⇨"实体编辑"⇨"拉伸面"。

●功能区："常用"选项卡"实体编辑"面板"拉伸面" 按钮。

●命令行：SOLIDEDIT。

激活拉伸面命令后，AutoCAD 提示及操作过程如下：

命令：_solidedit

选择面或［放弃(U)/删除(R)］:

输入实体编辑选项［面(F)/边(E)/体(B)/放弃(U)/退出(X)］<退出>:F

输入面编辑选项

［拉伸(E)/移动(M)/旋转(R)/偏移(O)/倾斜(T)/删除(D)/复制(C)/着色(L)/放弃
(U)/退出(X)］<退出>:E

选择面或［放弃(U)/删除(R)］:(拾取要拉伸的面，如图 9-30(a)中长方体的顶面)

选择面或［放弃(U)/删除(R)/全部(ALL)］:(回车结束选择)

指定拉伸高度或［路径(P)］:(输入高度值)

指定拉伸的倾斜角度 <0>:20(输入拉伸的角度，并按回车键完成拉伸表面的操作。)

长方体的顶面拉伸后得到一棱台体,但该棱台加到了长方体中而形成一个新的实体。如图 9-30(b)、图 9-30(c)所示。若拉伸角度为 0,则拉伸出一柱体,相当于将原柱体增高(或降低)。

(a) 顶面拉伸前   (b) 顶面拉伸出棱台   (c) 消隐后的形体

图 9-30　拉伸实体的面

六、移动实体的面

移动实体的面就是将三维实体的面移动到指定位置。这一功能用于修改经过布尔运算以后的实体上的孔、洞的位置是非常方便的。

下面以图 9-31 为例说明移动实体面的方法和步骤:

通过下面的途径之一来激活"移动面"命令:

●下拉菜单:"修改"⇨"实体编辑"⇨"移动面"。

●功能区:"常用"选项卡"实体编辑"面板"移动面" 按钮。

●命令行:SOLIDEDIT。

激活"移动面"命令后,AutoCAD 提示及操作过程如下:

命令:_solidedit

实体编辑自动检查:SOLIDCHECK=1

输入实体编辑选项 [面(F)/边(E)/体(B)/放弃(U)/退出(X)]<退出>:F(输入面编辑选项)

[拉伸(E)/移动(M)/旋转(R)/偏移(O)/倾斜(T)/删除(D)/复制(C)/着色(L)/放弃(U)/退出(X)]<退出>:M(选择移动面选项)

选择面或 [放弃(U)/删除(R)]:(选择要移动的面,如图 9-31(a)板右后方圆柱孔的内表面)

选择面或 [放弃(U)/删除(R)/全部(ALL)]:(回车确认)

输入基点或位移:(利用对象捕捉选取圆柱孔上端圆心作为基点)

指定位移的第二点:(利用对象捕捉选取右前上方圆角的圆心作为目标点,完成移动实体表面的操作)。结果如图 9-31(b)、图 9-31(c)所示。

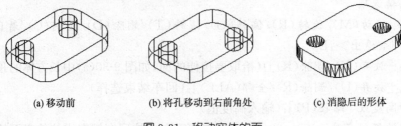

(a) 移动前   (b) 将孔移动到右前角处   (c) 消隐后的形体

图 9-31　移动实体的面

七、三维旋转

三维旋转是指三维物体绕某一平行于坐标轴的直线旋转一定角度。

下面以将图 9-32 所示物体旋转成回转轴垂直水平面为例说明三维旋转的操作。

通过下面途径之一激活"三维旋转"命令：

● 下拉菜单："修改"⇨"三维操作"⇨"三维旋转"。

● 功能区："常用"选项卡"修改"面板"三维旋转"⊕ 按钮。

● 命令行：3DROTATE。

激活"三维旋转"命令后，AutoCAD 命令行提示及操作如下：

命令：_3drotate

UCS 当前的正角方向：ANGDIR＝逆时针　ANGBASE＝0

选择对象：(选择要旋转的对象)

选择对象：(回车结束选择，此时光标处出现三个不同颜色(红、绿、蓝)的椭圆(分别代表垂直于三根坐标轴的圆的轴侧投影)，且物体以线框模型显示)

指定基点：(在物体上适当位置或物体附近指定一点(单击鼠标)作为基点，此时三个椭圆固定在基点处，如图 9-32(b)所示)

拾取回转轴：(将光标移动到红色椭圆上，红色椭圆变成黄色，且显示一条通过该椭圆的中心并平行于 x 轴的直线，该直线即为旋转轴，单击该椭圆即拾取该回转轴，如图 9-32(c)所示)

指定角的起点或键入角度：(移动光标到图 9-32(d)所示位置并单击鼠标)

指定角的端点：(将光标移动到 90 度极轴角的位置[如图 9-32(e)所示]并单击鼠标左键)

至此，完成物体的三维旋转(绕平行于 X 轴的直线旋转 90°)，旋转后经消隐的物体如图 32(f)所示。

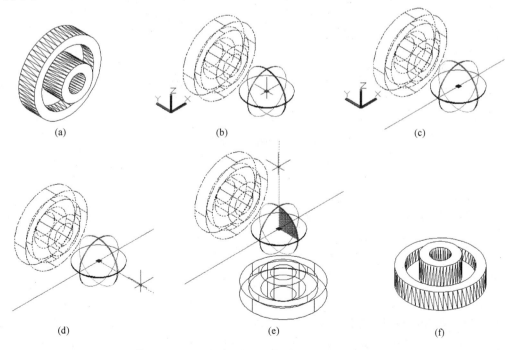

(a)　　　(b)　　　(c)

(d)　　　(e)　　　(f)

图 9-32　三维旋转(将物体的轴线旋转成铅垂线)

第八节　三维模型的显示效果

在绘制三维图形过程中,为了便于观察和编辑,AutoCAD 针对三维实体提供了多种显示模式,包括消隐、视觉样式、渲染等。

一、消　　隐

前面创建的三维模型都是用线框显示的。用线框显示的三维模型将所有可见和不可见的轮廓线都显示出来,不能准确地反映物体的形状和观察方向。用户可以利用 Hide 命令对三维模型进行消隐。对于单个三维模型,可以消除不可见的轮廓线;对于多个三维模型,还可以消除所有被遮挡的轮廓线,使图形更加清晰,观察起来更加方便。图 9-33(a)为消隐前的情况,图 9-33(b)为消隐后的效果。

消隐操作如下:

通过下列途径之一可激活消隐命令:

● 下拉菜单:"视图"⇨"消隐"。

● 功能区:"视图"选项卡"视觉样式"面板"隐藏" 按钮。

● 命令行:HIDE。

注意:激活消隐命令后,用户无需进行目标选择,AutoCAD 将当前视口内的所有对象自动进行消隐。消隐所需的时间与图形的复杂程度有关,图形越复杂,消隐所耗费的时间就越长。

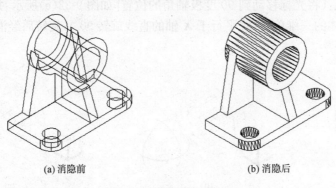

(a) 消隐前　　　　　　　　　　　　　　(b) 消隐后

图 9-33　"消隐"显示效果

二、视觉样式

视觉样式是一组设置,主要有二维线框、3dwireframe(三维线框)、隐藏、概念、真实和着色等。

● 单击功能区:"视图"选项卡"视觉样式"面板右下角的 按钮,打开"视觉样式管理器"对话框,如图 9-34(b)所示。视觉样式菜单以及面板如图 9-34 所示。其中"概念"、"真实"、"着色"是比较常用的显示模式。所有的视觉样式只需选中菜单项或面板中的选项就可实现。

1. 二维线框和线框(即三维线框)

"二维线框"和"线框"选项均用于显示用直线和曲线表示边界的对象,但线框的坐标系显

(a) 视觉样式菜单

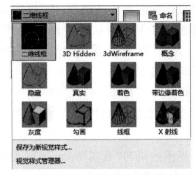

(b) 视觉样式面板中视觉样式下拉列表

图 9-34　视觉样式菜单与面板

示为着色的图标，如图 9-35（b）所示。用建模方法和实体编辑得到的模型缺省用二维线框显示。

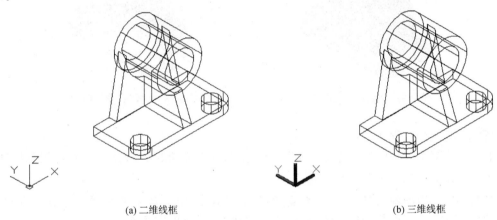

(a) 二维线框　　　　　　　　　　　　　　　　　　(b) 三维线框

图 9-35　二维线框和三维线框

2. 隐藏

"隐藏"除了消除不可见的轮廓线之外，曲面只显示轮廓线，而不显示构成曲面的三角形小平面，而且坐标系显示为着色的图标，如图 9-36 所示。

"隐藏"的执行过程如下：

单击下拉菜单："视图"⇨"视觉样式"⇨"消隐"选项或选择功能区："视图"选项卡"视觉样式"面板中的视觉样式下拉列表中 按钮。

注意：(1)"视觉样式"中的"消隐"与"视图"菜单下的"消隐"有所不同，"视图"菜单下的"消隐"只消除了不可见的轮廓线而不消除曲面的三角形小平面；

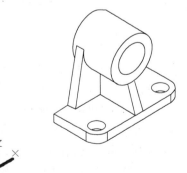

图 9-36　视觉样式中的消隐

(2)当系统变量"dispsilh"设为 1 时，"视图"菜单下的"消隐"与"视觉样式"中的"消隐"的结果相同，只是坐标系不显示为着色的图标。

3. 真实

消隐可以增强图形的清晰度,而"真实"可以使三维实体产生更真实的图像。

当物体被赋予某种材质时,"真实"视觉样式将显示材质的质感;否则将按物体的颜色显示。图 9-37 为按"真实"显示的效果,赋予物体的材质为褚红色塑料材质。

"真实"执行过程如下:

单击下拉菜单:"视图"⇨"视觉样式"⇨"真实"或单击功能区:"视图"选项卡"视觉样式"面板中视觉样式下拉列表中的"真实"选项。

4. 概念

"概念"显示效果与"真实"显示效果类似,但不显示材质,只按物体的颜色显示。如图 9-38 所示,该物体的颜色为青色。

图 9-37 "真实"显示效果

图 9-38 "概念"显示效果

"概念"的执行过程如下:

单击下拉菜单:"视图"⇨"视觉样式"⇨"概念"或单击功能区:"视图"选项卡"视觉样式"面板中视觉样式下拉列表中的"概念"选项。

注意:用"三维消隐"、"概念"或"真实"的视觉样式显示的物体,如果需要做进一步的编辑修改,则需要用"二维线框"或"三维线框"的视觉样式显示,以方便操作。

第九节　由三维实体模型生成视图和剖视图

一、概　述

在 AutoCAD 中绘制组合体的视图和剖视图,通常是在二维制图环境下进行。用二维制图的方法来绘制视图和剖视图,通常是遵照长对正,高平齐,宽相等的"三等"投影规律,并借助 AutoCAD 提供的基本绘图命令和图形编辑命令,逐一地画出构成视图的每一条图线,与手工制图的原理基本相同。采用这种方法绘制组合体的视图和剖视图,绘图工作量大,而且所绘制图形中很容易遗漏图线和出现投影错误。在 AutoCAD 中,还有一种由三维实体模型,通过投影转化获得其视图和剖视图的方法。用这种方法绘图,首先要在模型空间中构造出组合体的三维模型,然后转入图纸空间,通过"视图"命令生成视图和剖视图视口,再通过"图形"命令提取各视图和剖视图的轮廓线,从而得到可同时输出到一张图纸上的若干视图和剖视图。采用这种方法绘制的视图和剖视图,与其三维实体之间具有内在的关系,所以不容易遗漏图线和产生投影错误,而且绘图效率较高。

二、三维实体模型生成视图和剖视图的操作过程及要点

物体的三视图实际上是将空间三维实体分别沿 X、Y、Z 轴向三个投影面投影所得到的。首先要在模型空间中构造出组合体的三维实体模型,然后才将其转化为视图和剖视图 。假设已经绘制好物体的三维模型,如图 9-39 所示,要生成图 9-40 所示的视图和剖视图,过程和操作要点如下。

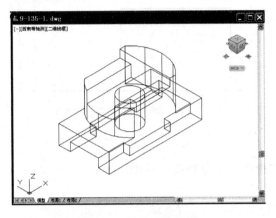

图 9-39   三维实体模型

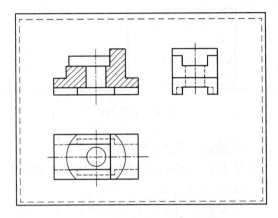

图 9-40   要绘制的视图和剖视图

1. 进入图纸空间

单击绘图窗口下面的"布局 1"选项卡或状态栏上的"模型/图纸"切换按钮,进入图纸空间,如图 9-41 所示。

2. 生成基础视口

基础视口是生成其他视图视口的基础,基础视口的位置及视点设置要根据所要生成的其他视图而定。对于本例,取俯视图视口作为基础视口比较方便,方法如下:

(1)调整窗口大小及位置。单击视口,然后通过对视口的夹点进行操作来调整视口的大小和位置。调整后的视口如图 9-42 所示。

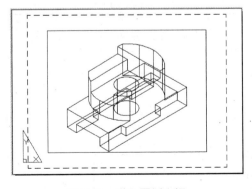

图 9-41   进入图纸空间

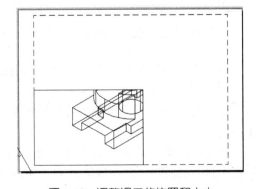

图 9-42   调整视口的位置和大小

(2)切换到浮动模型空间。单击状态栏的"模型/图纸"按钮,切换到浮动模型空间,然后单击菜单"视图"⇨"三维视图"⇨"俯视",将视口中的图形设置成俯视图。如图 9-43 所示。

(3)在浮动模型空间中利用 ZOOM 命令调整视口内的图形的大小(此处比例值取 1.5)。调整后的图形如图 9-44 所示。

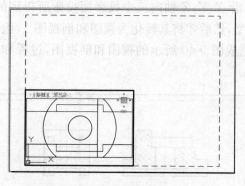

图 9-43　设置视点

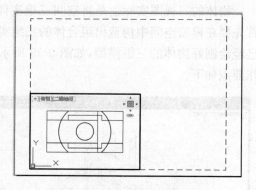

图 9-44　调整视口内的图形大小

3. 绘制主视图(剖视图)

单击下拉菜单:"绘图"⇨"建模"⇨"设置"⇨"视图",命令行提示及操作如下:

命令:_solview

输入选项 [Ucs(U)/正交(O)/辅助(A)/剖视图(S)]:S ↙(选项 S 表示要画剖视图)

指定剪切平面的第一个点:(在俯视图左边中点处指定一点,如图 9-45 所示)

指定剪切平面的第二个点:(在第一点的右侧指定一点,如图 9-46 所示)

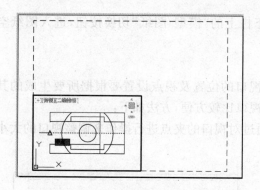

图 9-45　指定剖切平面的第一个点

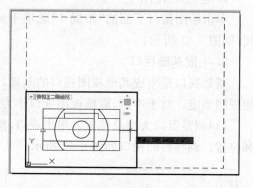

图 9-46　指定剖切平面的第二个点

　　指定要从哪侧查看:(在剖切位置的前面指定一点,如图 9-47 所示)

　　输入视图比例 <当前值>:↙(回车接受默认的比例值)

　　指定视图中心:(在俯视图上方适当位置单击,则要绘制的剖面图出现在该位置上,如图 9-48 所示。可以尝试多次,直到确定满意的视图位置,然后按回车键)。

　　指定视口的第一个角点:(在剖视图左上方指定一点作为剖视图视口的第一个对角顶点)

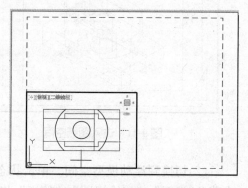

图 9-47　指定从哪一侧观察

指定视口的对角点:(在剖视图右下方指定一点作为剖视图视口的另一个对角顶点,此时形成剖视图窗口,如图 9-49 所示)

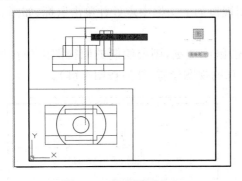

图 9-48 指定视图中心

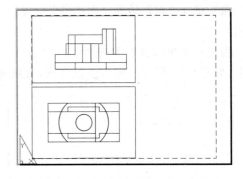

图 9-49 生成的主视图(剖视图)视口

输入视图名:主视图✓

至此完成全剖视的主视图,AutoCAD 返回原提示。

4.绘制左视图

输入选项 [Ucs(U)/正交(O)/辅助(A)/剖视图(S)]:O✓(选项 O 表示要画正交视图)

指定视口要投影的那一侧:(确认已打开"对象捕捉"功能并设置了"中点"捕捉模式,将光标置于主视图视口的左边框中点处并单击鼠标,如图 9-50 所示)。

指定视图中心:(在主视图右侧的适当位置单击,则要绘制的左视图出现在该位置上,如图 9-51 所示。可以尝试多次,直到确定满意的视图位置,然后按回车键。)

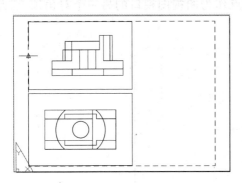

图 9-50 指定左视图的观察点位置

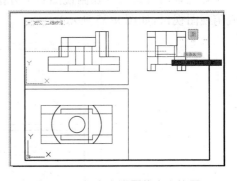

图 9-51 指定左视图的中心位置

指定视口的第一个角点:(在左视图左上方指定一点作为左视图视口的第一个对角顶点)

指定视口的对角点:(在左视图右下方指定一点作为左视图视口的另一个对角顶点,此时形成左视图视口,如图 9-52 所示)

输入视图名:左视图✓

至此完成左视图,AutoCAD 返回原提示。

5.重新生成俯视图视口

删除基础视口(连同窗口内的图形一起删除),然后选择下拉菜单:"绘图"⇨"建模"⇨"设置"⇨"视图",

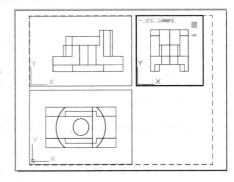

图 9-52 生成的左视图视口

并仿照生成左视图视口的方法生成俯视图视口。命令行提示及操作过程如下：

输入选项［Ucs(U)／正交(O)／辅助(A)／剖视图(S)］：O ↙（选项 O 表示要画正交视图）

指定视口要投影的那一侧：（将光标置于主视图视口的上边框中点处并单击鼠标，如图 9-53 所示）。

指定视图中心：（在主视图下方的适当位置单击鼠标左键，则要绘制的俯视图出现在该位置上，如图 9-54 所示。可以尝试多次，直到确定满意的视图位置，然后按回车键）。

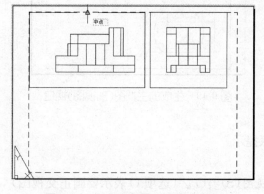

图 9-53　指定俯视图的观察点位置

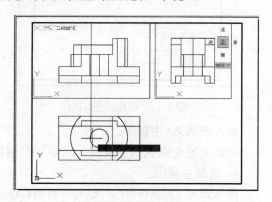

图 9-54　指定俯视图的中心位置

指定视口的第一个角点：（在俯视图左上方适当位置指定一点作为俯视图视口的第一个对角顶点）

指定视口的对角点：（在俯视图右下方指定一点作为俯视图视口的另一个对角顶点，此时形成俯视图视口，如图 9-55 所示）

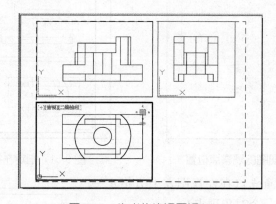

图 9-55　生成的俯视图视口

输入视图名：俯视图 ↙

输入选项［Ucs(U)／正交(O)／辅助(A)／剖视图(S)］：↙

至此，已完成三个视图的创建。

6. 生成以轮廓线表示的视图和剖视图

经过步骤 3、4、5 所得到的视图和剖视图并不是真正意义的二维视图，只不过是三维模型的此投射方向垂直于视口，所以它仍然是一个三维模型。其视图不符合工程图的要求（实体模型的不可见轮廓线及可见轮廓线全部在一个图层内，消隐以后不显示虚线，而且显示了不应画

的切线)。要使视图和剖视图符合工程图的要求,需要通过"图形"(Soldraw)命令来提取视图和剖视图轮廓线,方法如下:

单击下拉菜单:"绘图"⇨"建模"⇨"设置"⇨"图形",接下来的命令行提示及操作如下:

选择对象:(同时选取所生成的三个视口)

选择对象:↙

至此生成以轮廓线表示的二维视图,并且在剖视图上画出了缺省的剖面符号(图案名为ANGLE),如图 9-56 所示。

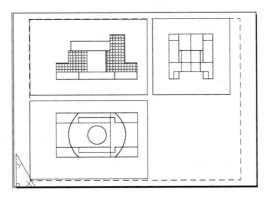

图 9-56 执行"图形"命令后得到的图形

7. 修改线型和剖面填充图案

单击功能区:"常用"选项卡⇨"图层"面板⇨"图层特性"按钮,打开"图层特性管理器"对话框,如图 9-57 所示。

当前图层: 0							搜索图层
状态	名称	开	冻结	锁定	颜色	线型	线宽	透明度
✓	0	♀	☼	🔓	■白	Continuous	—— 默认	0
	VPORTS	♀	☼	🔓	■白	Continuous	—— 默认	0
	俯视图-DIM	♀	☼	🔓	■白	Continuous	—— 默认	0
	俯视图-HID	♀	☼	🔓	■白	HIDDEN	—— 默认	0
	俯视图-VIS	♀	☼	🔓	■白	Continuous	—— 0.60...	0
	三维模型	♀	☼	🔓	■白	Continuous	—— 默认	0
	主视图-DIM	♀	☼	🔓	■白	Continuous	—— 默认	0
	主视图-HAT	♀	☼	🔓	■白	Continuous	—— 默认	0
	主视图-HID	♀	☼	🔓	■白	HIDDEN	—— 默认	0
	主视图-VIS	♀	☼	🔓	■白	Continuous	—— 0.60...	0
	左视图-DIM	♀	☼	🔓	■白	Continuous	—— 默认	0
	左视图-HID	♀	☼	🔓	■白	HIDDEN	—— 默认	0
	左视图-VIS	♀	☼	🔓	■白	Continuous	—— 0.60...	0

图 9-57 "图层特性管理器"对话框

从对话框中可以看出,左视图和俯视图有三个图层,主视图(剖视图)有四个图层,图层名称分别用视图名加后缀"-VIS""-HID""-DIM""HAT"表示,它们分别存放可见轮廓线、不可见轮廓线、尺寸标注、填充图案。将后缀为"-HID"图层的线型改为虚线,再将主视图中的剖面填充图案名改成"ANSI31",并适当调整填充图案和线型的比例,便得到如图 9-58 所示的视图和剖视图。

8. 对图层的特性进行必要的设置,完成全图

关闭"VPORTS"图层("VPORTS"为视口图层，用于存放适口边界)，并切换到图纸空间，可使图形显示更清晰。

创建"中心线"图层，并在该图层上补画图形的中心线(点画线)。

将后缀为"-VIS"图层的线宽设为粗线(线宽为 0.7)。

最终完成的视图和剖视图如图 9-59 所示。

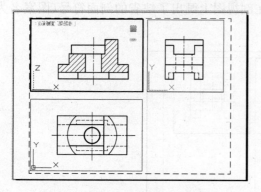

图 9-58　经修改后的视图和剖视图

图 9-59　最终完成的视图和剖视图

可以在该图上标注尺寸，标注尺寸的方法与二维环境下的尺寸标注方法相同。

上 机 实 训

实训一　创建图 9-60、图 9-61、图 9-62、图 9-63 所示物体的三维模型

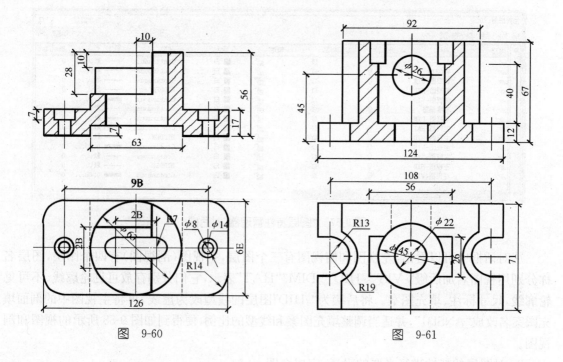

图　9-60

图　9-61

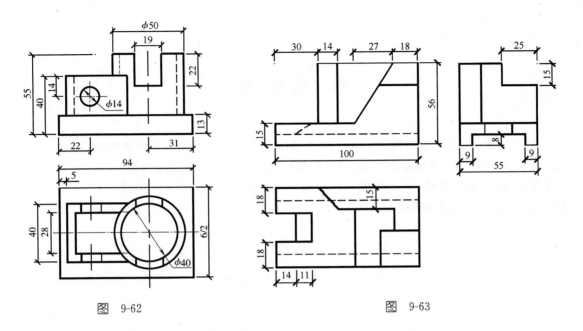

图 9-62   图 9-63

1.目的要求

掌握定义用户坐标系的方法;掌握创建基本形体并进行布尔运算从而生成组合体的方法。

2.操作提示

用拉伸的方法创建各组成部分,然后对各组成部分进行并、交、差运算。

实训二 将所绘制的三维模型按"概念"的视觉样式显示

参 考 文 献

[1] 唐广,邱荣茂.计算机绘图—AutoCAD 2008[M].武汉:武汉理工大学出版社,2012.

[2] 王亮申,戚宁.计算机绘图—AutoCAD 2014[M].北京:机械工业出版社,2016.

[3] 管殿柱.计算机绘图—AutoCAD 2014[M].北京:机械工业出版社,2016.

[4] 张莹,贺子奇.AutoCAD 2014 中文版从入门到精通[M].北京:中国青年出版社,2013.